河南省周口市耕地地力评价

◎ 杜成喜 王 伟 刘林业 主编

中国农业科学技术出版社

图书在版编目（CIP）数据

河南省周口市耕地地力评价／杜成喜，王伟，刘林业主编 . —北京：中国
农业科学技术出版社，2015.7
　　ISBN 978 - 7 - 5116 - 2103 - 0

　　Ⅰ. ①河…　　Ⅱ. ①杜…②王…③刘…　　Ⅲ. ①耕作土壤 - 土壤肥力 - 土壤
调查 - 周口市 ②耕作土壤 - 土壤评价 - 周口市　　Ⅳ. ①S159. 261. 3 ②S158
　　中国版本图书馆 CIP 数据核字（2015）第 105669 号

责任编辑　　徐　毅
责任校对　　贾海霞

出　版　者　　中国农业科学技术出版社
　　　　　　　北京市中关村南大街 12 号　邮编：100081
电　　　话　　（010）82106631（编辑室）　（010）82109704（发行部）
　　　　　　　（010）82109709（读者服务部）
传　　　真　　（010）82106631
网　　　址　　http://www.castp.cn
经　销　者　　各地新华书店
印　刷　者　　北京华忠兴业印刷有限公司
开　　　本　　787 mm×1 092 mm　　1/16
印　　　张　　8
彩　　　插　　14 面
字　　　数　　160 千字
版　　　次　　2015 年 7 月第 1 版　2015 年 7 月第 1 次印刷
定　　　价　　35.00 元

《河南省周口市耕地地力评价》
编 委 会

主　　编　杜成喜　王　伟　刘林业

副 主 编　司学样　陈东义　王顺领
　　　　　　许明明　任俊美

编写人员（以姓氏笔画为序）

马天华	王　伟	王顺领	王卫华	王　丽
王　喆	王秋丽	司学样	张建中	孙宏伟
白永杰	朱春霞	刘林业	刘在富	李金启
任俊美	关春燕	杜成喜	陈东义	杨红玲
杨四旗	杨桂霞	杨营章	杨运琪	郭华生
高会侠	黄锦灵			

前　言

　　周口市地处豫东平原的黄泛区腹地，是典型的平原农业大市。2011年年底，总人口1 238万人，其中，农业人口770万人，耕地1 270万亩（1亩≈667平方米，全书同）。是粮棉主产区和优质农作物产区；是国家重要的商品粮基地、优质棉花生产基地、国务院粮食生产先进市。周口市分别在1959年和1985年开展了两次土壤普查工作，查明了土壤的类型、数量和分布情况，基本掌握了全市土壤养分含量情况和地力水平，对全市平衡施肥、土壤改良等农业生产方面起到了很大作用。但由于当时普查取样点位有限，仪器设施不足，技术水平不高，加之土地的各种利用活动还在继续，土壤的养分状况也随之不断变化，人类诱导的耕地变化，客观要求对耕地地力进行调查和评价，以保护耕地资源，提高耕地地力。

　　这次耕地地力评价是基于第二次土壤普查成果资料的基础上，结合2005年国家测土配方施肥项目实施以来所产生的大量的田间调查、农户调查、土壤和植物样品分析测试和田间试验的观察记载数据，并对这些数据进行质量控制，建立标准化的数据库和信息管理系统，对全市耕地地力、土壤属性、中低产田类型改良做出了全面系统的评价，编制了周口市耕地地力评价工作报告、技术报告、专题报告、县域耕地资源管理信息系统、耕地地力等级图、土壤养分图，为科学施肥、技术咨询、指导和服务提供了依据，为农业领域内利用GIS、GPS等计算机技术，开展农业资源评价、农业决策奠定了基础。对准确掌握周口市耕地地力水平、加强周口市耕地地力建设、指导全市农业结构调整，确保粮食生产安全，农业增效、农民增收，发展周口经济，促进农业可持续发展、建设社会主义新农村具有重要作用。

这次耕地地力评价工作，得到河南省土肥站和郑州大学专家的大力支持和帮助，在此表示感谢。

由于编者学识水平有限，难免存在一些缺点和不足，恳请有关专家批评指正。

编者

2014 年 12 月

目　　录

第一章　自然与农业生产概况

第一节　地理位置与行政区划

一、地理位置

周口市地处地处东经 114°05′~115°39′、北纬 33°03′~34°20′，属黄淮平原。东临安徽阜阳市、亳州市，西与漯河许昌两市接壤，南部与驻马店市毗邻，北靠开封、商丘两市，是传统的粮棉生产区；全市光照充足、气候温和、四季分明，年均日照时数 2 168h，年均降雨量 761mm，年平均气温 14.5℃，年均有效积温 5 138~5 292℃，无霜期 215~226d。周口市地处中原，交通便利，紧靠国家重要交通干线 107 国道，106 国道和 311 国道穿境而过。向西距京广线路 60km，距京珠高速 50km；向东距京九铁路 70km；向北距陇海铁路 130km，距新郑国际机场 180km。这里地势平坦，南洛高速、周商高速、大广高速纵横全境，而且国道、省道纵横贯通，乡村公路四通八达。通信设施完备，可通过无线、有线、宽带联络世界各地（图 1–1）。

二、行政区划

全市辖 8 县 1 市 1 区，185 个乡镇（场），2011 年年底全市总人口为 1 238 万人，其中，农业人口 770 万人。全市劳动力 450.5 万人，其中，农业劳动力 360.6 万人，全市农户总数 150 万户（图 1–2）。

第二节　自然与农村经济概况

一、农村经济概况

改革开放以来，周口市农村经济发展迅猛，农村面貌变化较大，农民收入稳步增加。市委、市政府带领全市人民立足市情，充分利用自然资源优势，不断调整农业种植结构，走出了一条以多熟套种、保护地栽培为主要内容的农业集约化经营的路子，形成了粮食作物以小麦为主，经济作物以棉花、瓜类、蔬菜为主的种植格局。常年小麦种植面积稳定在 1 000 万亩左右，玉米面积 700 万亩左右，蔬菜瓜类种植面积 100 万亩（15 亩 =1hm² 。全书同）次，2003—2012 年全市粮食总产连续九年增产。2010 年全市粮食总产 74.7 亿 kg，单产 501kg/

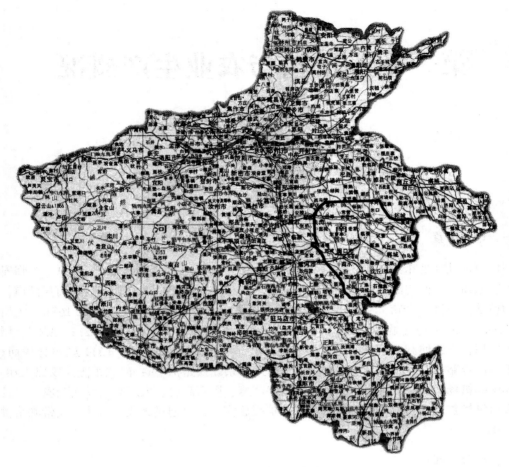

图1-1 周口市在河南省的位置

亩，其中，夏粮总产48.85亿 kg，单产500kg/亩。2011年，农民人均纯收入3 532元，比2010年增长14.8%。

二、自然条件

(一) 气候条件

周口市属暖温带半湿润大陆性季风气候，气候温和，四季分明，年积温5 128.2℃，年平均气温在14.5~15.8℃，历年日照2 100~2 400h，年平均降水量741.3mm，无霜期240d左右，自然气候条件适宜多种农作物生长，尤其是充足的光热资源条件完全可以满足一年两熟、三熟作物的需要，特别适宜优质粮食作物的生产。

1. 气温

周口市年日平均气温14.5℃，其中，冬季历年日平均气温1.9℃，春季历年日平均气温15.5℃，夏季历年日平均气温26.0℃，秋季历年日平均气温14.8℃；四季气温变化较大，适宜于冬、夏不同作物生长的温度需求。历年极端最高气温为42.5℃，出现在1972年6月11日，历年极端最低气温为-15.7℃，出现在1990年2月1日；历年年内≥35℃的高温天

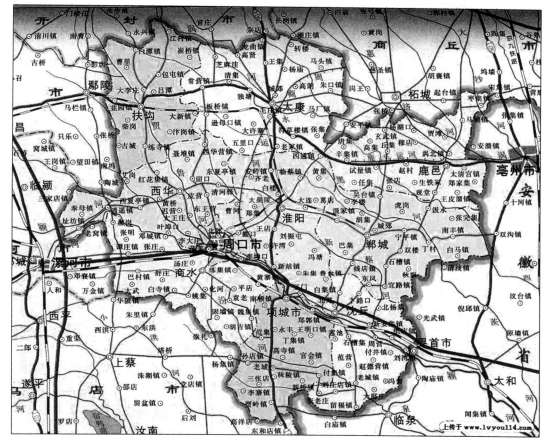

图1-2 周口行政区划

气14.1d；极端气温的出现尤其是极端最低气温本应该严重影响当季农作物的生长，但由于历年极端气温持续时间较短，因此，极端气温对周口市粮食生产影响较小，历年来全市小麦等冬种作物很少有冻害发生。

2. 日照

周口市历年平均日照时数为2 100～2 400h，其中，冬季历年平均日照时数为424.1h，春季历年平均日照时数为578.4h，夏季历年平均日照时数为610.8h，秋季历年平均日照时数为503.3h；12月历年平均日照时数为142.5h。周口市作物多采用多熟套种的种植制度，四季不同的日照时数正好满足于冬、夏长、短日照作物的需求，多熟套种的种植模式延长了夏秋作物的生育期，有利于提高单产，增加总产。

3. 降水量

历年平均降水量744.3mm，年际变化稍大，降水量在一年内，分配极不均匀，主要集中在夏季，夏季降水量平均为371.9mm，占全年降水量的50%左右，冬季较少，只45.5mm，全年一日最大降水量为324.6mm，各县市最多年份降水量是最少年份降水量的近3倍。降水量差别较大，不同季节、不同年份同期差异严重影响着农作物的正常生长，尤其是冬、春降水量过少，浇灌条件不足的区域，会造成小麦干旱，降低小麦产量；夏、秋雨量过大，排涝设施较差的区域，特别是西华、商水、郸城等县的部分低洼地区，排水不及时，可能会造成涝渍，影响秋作物产量，严重时可能会绝收。

（二）地形地貌

周口市位于华北陆台南部，小秦岭—嵩山东西构造体系东段，属豫东沉降区中、东部太京九隆起和周口坳陷的一部分，由历经第四纪沉积物和新构造动控制和多次的地壳沉降，构成了近代本区北、中部地貌的基本轮廓，而1938年黄河南泛沉积，则形成了本区沙河以北地貌轮廓的现普遍现状。依据沉积物的差异性，本市平原地貌，可分为冲积平原、湖积平原、冲积湖积平原和冲积洪积平原等四种类型。

1. 冲积平原

分布在张明、化河、魏集、王明口、冯营一线以北的广大地带和南、西南部的部分地区。主要是黄泛面状及沙颍河、洪河泛滥线状泥沙堆积而成。平原上小地形比较复杂，常见的有以下几种地貌单元。

（1）高平地。主要为河流泛滥大溜或故河道所经过之地，形成的相对地势稍高的沙，壤质平地。如吕谭、田口、刘振屯一带，黄泛洪流形成的高平地。

（2）平坡地。为历次河流泛滥面状漫流所形成的壤、黏质相对低平地，如黄泛诸大溜两侧，距沙颍河稍远地带的平坡地。

（3）坡洼地。多为河流改道时和黄泛大溜之间地带，多形成的常由黏土组成的槽型洼地和封闭洼地。

由于河流的历次决口改道，决定着地表沉积物的形成时代有先后。老沉积物，一般厚度较大，颜色较暗，多呈棕或黄棕色，结构较紧实，刨面中多有锈斑、铁子、钙质小结核等。新沉积物，则厚度较小，色较淡，多为黄色或浅灰黄色，较疏松。根据这种差异性，全区冲积平原可进一步划分为老的冲积平原和新的冲积平原。

2. 湖积平原

主要分布在本区汾泉河流域，地形平坦低洼，海拔37～50m，由西北向东南微缓倾斜。坡降1/7 000～1/8 000,并且北部和南部较高，中部稍低，略呈一向东南开口的浅平槽形洼地；另外，黑河下游亦有分布。平原上湖坡洼地星布。从地貌单元看，主要有3种类型：一是过水平坡洼地，坡面径流至此停滞，积水期较短。二是碟型或浅槽型湖坡洼地，地势周围高，中间低，积水期较长。三是沿河洼地，在暴雨水涨时，受河水顶托，地表水、地下水排泄不畅，滞聚于此，形成内涝，一般数日，水方可退。

3. 冲积湖积平原

主要分布在本区汾泉河流域和黑河中下游一带，地形较亦平坦低洼。地貌单元主要是二坡、浅槽和沿河3种平坡洼地类型。

4. 冲积洪积平原

本区西北部韭园、扶沟城郊、练寺、柴岗有垄岗状，奉母、址坊、逍遥、郝岗有片岗状，南部孙店、高寺、李寨有缓岗状等冲积洪积平原，地势较高而平坦，具低平岗形态。

（三）水文状况

1. 河流

周口地区地多低洼，河流众多。仅流域面积在$100km^2$以上的骨干河道就有60多条。分属沙颍、涡惠、西淝、洪汝河四大水系。其中，沙颍河水系主要有沙颍、贾鲁、汾泉等河流。流域面积 8 994km², 占全区总面积的 76%。涡惠河水系有涡、惠济、铁底等河流。流域面积 2 130km², 占 18%。西泗河流域, 面积 629km², 占 5%。洪汝河流域, 面积 82km², 占 1%。境内主要有两条大河, 即沙河、涡河。沙河贯南, 涡河掠北。沙河源自鲁山县西之尧山, 由西华西部大陈村西南入境, 至沈丘东部贾庄入安徽, 经 5 县 1 市, 境内长 149.5km。年平均径流量 44.64 亿 m³。最大流量 3 070m³/s。年均含沙量 2.24kg/m³。周口市以西河段为悬河, 素有 "铜头铁尾豆腐腰" 之称, 上游山丘区, 下游地下河, 本处正属 "豆腐腰" 段, 河床高, 堤身大, 坡降小, 弯曲多, 加之北岸地势高, 南岸低, 大雨年份南岸常泛滥成灾。据历史记载, 1929—1948 年, 决口就有 36 次, 邓城以西最多, 为一条主要防洪河道。目前, 5 县 1 市所利用的河流水, 主要是沙河水。经周口、沈丘枢纽工程拦蓄后, 通过干渠输入其他沟河, 以供提水灌溉。沙河水质较好, 矿化度 277mg/L, 属重碳酸钙水型, 为较好的农田灌溉水源。涡河源出中牟北部, 由太康西北晏城河入境, 至太康东代河到商丘, 再自鹿邑西北部观堂入境, 至鹿邑蒋营东北部入安徽。流经 2 个县, 长 109.8km。年均径流量 2.45 亿 m³, 年均流量 7.8m³/s, 是一条主要排涝河道。河水在玄武等闸拦蓄后, 也可提水灌溉农田。

2. 地表水

全区年均降水量 744.3mm, 降水总量 88 亿 m³, 径流量 13.5 亿 m³, 年均径流深 116mm, 由北向南递增, 北部扶沟、太康、鹿邑 77.8~95mm；中部西华、淮阳、郸城 100~120mm；南部商水、项城、沈丘 150~175mm。地表径流因受降水影响分配不均, 年总径流量的 70% 左右, 集中在丰水季节的 7~9 月的 3 个月。径流分别由排水沟渠、中小河道汇入沙、涡、泗、洪四大水系。由于地表径流主要在汛期, 除补充地下水外, 直接利用少。

3. 地下水

浅层地下水主要是靠地表水补给, 其次地下径流补给。地表水补给的途径有：降雨入渗河流侧渗, 渠系补给, 田间灌溉回归补给和地表水越流补给等。根据水文地质勘探和实际抽水试验, 全市浅层地下水可分为大、中、小三类水量区。

浅层地下水量 226 000 万 m³, 全市人均占有水资源量 447m³, 亩均水资源 291.6m³。地下水可供开采量 8.46 亿 m³。

三、农田水利设施与灌溉情况

周口市灌溉条件充分利用河流和地下水资源, 20 世纪 80 年代中期前, 每年秋播季节都要修渠打畦, 农田井、渠、畦配套, 灌溉方式为大水漫灌。党的十一届三中全会以后, 农村实行土地联产承包责任制, 地块面积变小, 修渠打畦面积急剧减少, 同时, 移动管道逐渐普及, 灌溉方式变为管道漫灌或人工喷灌。近几年, 部分农户购置了喷灌设备, 喷灌面积占有一定比例。2008 年以来, 农林水支出占一般预算支出的比重达到了 11%, 全市 (3) 机电井工程。全市现有农用机电井 81161 配套 50 744 眼；一般农用井 118 103 眼, 配套 22 797 眼。平均 50 亩耕地 1 眼井, 有效灌溉面积 1 050 万亩, 基本达到旱能浇, 涝能排, 旱涝保丰收。灌溉分区和排水分区情况, 详见图 1-3 和图 1-4。

图1-3　周口市灌溉分区

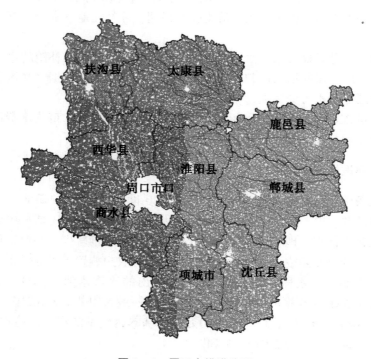

图1-4　周口市排涝分区

第三节　农业生产概况

周口市是一个农业大市，农业生产具有悠久的历史，周口人民利用优越的自然条件和物质资源，在长期的农业生产实践中，积累了科学种田和战胜自然灾害的丰富经验，并取得了显著的成就。

一、农业生产发展史

党的十一届三中全会以来，周口市委、市政府从确立大农业的思想出发，根据不同区域的地形地貌特征，结合不同的土壤类型和质地结构，适时进行农业内部产业结构的调整，并在实践中完善，提高发展。30年来，我们先后进行了4次大的调整，充分发挥不同耕地地力水平，使农村产业结构日趋合理、完善。

周口市从有历史记载以来，就是以粮食生产为主的农业生产大市，主产小麦、玉米、棉花、大豆、红芋、油料、杂粮，是国家重要的粮食生产基地，全国粮食生产百强市、先进市，省优质粮生产基地。勤劳的周口农民，利用丰富的自然资源在长期的农业生产实践中积累了科学种田和战胜自然灾害的丰富经验，小麦产量由解放初期的亩产40kg到1978年小麦亩产150kg，农业生产由新中国成立前的靠天吃饭的雨养农业，发展到具有一定的抗御自然灾害能力的灌溉农业，2011年小麦单产已达500.9kg的高产水平。从新中国成立至今，周口市的农业发展大体可分为4个阶段。

第一阶段：（1950—1958年）

周口农村在土地改革的基础上，进行了农业社会主义改造，解放了生产力，农业发展很快。周口地区农业生产稳步上升。1958年粮食总产13.8亿kg，比1950年增产3.35亿kg，这一时期，种植业结构合理，粮棉油协调发展。

第二阶段：（1959—1963年）

在"大跃进"中，农村刮起了浮夸风和瞎指挥风，违背了自然规律，加上3年连续自然灾害，造成粮食产量急剧下降，全市粮食总产由1958年的13.8亿kg，1963年下降到7.3亿kg。

第三阶段：（1965—1978年）

党中央、国务院认真纠正了严重的浮夸风、共产风、瞎指挥风的错误，积极恢复生产，对农业采取了一系列调整措施。由于措施得力，产量稳步上升，生产元气很快恢复，1965年粮食总产13.34亿kg，棉花总产661.5万kg。1978年粮食总产23.24亿kg，比1965年增长74.2%。

第四阶段：（1978年以后）

全市实行联产承包责任制，消除了多年来在集体经济中吃"大锅饭"的弊端，激发了农民生产积极性，农业生产进入了全面高速发展阶段，农作物产量不断提高，1985年农业总产值达到33.9亿元，小麦总产达24.5亿kg，比1980年增长1.1倍。"八五"期间（1991—1995年）农业再上新台阶，1995年，粮食总产达47.06亿kg，1997年粮食总产达成协55.40亿kg，小麦总产38.4亿kg，居河南省第一位。2003年以后，全市粮食总产连续

9 年递增。

二、农业生产现状

认真分析我市气候、土壤、水文等自然资源特点，总结周口市农业发展历史经验，目前周口市农业生产分以下 4 个部分。

（一）粮食生产水平稳步提升

近几年，周口市坚持把抓好粮食生产作为夯实农业基础的主攻方向，认真落实国家扶持粮食生产的各项政策，稳定粮食播种面积，推广优良品种和先进适用生产技术，粮食综合生产能力显著提高。

粮食生产持续稳产高产：周口市粮食作物主要以小麦、玉米为主，兼种大豆、红薯等。近年来，周口市常年粮食种植面积稳定 1 516.5 万亩左右，实现连续 9 年丰收。2011 年，全市小麦种植面积 1 050 万亩，小麦单产达 494.4kg，总产 51.9 亿 kg，全市有 7 个县市被国务院评为粮食生产先进县。

粮食品种结构不断优化：几年来，周口市积极调整优化粮食品种结构，大力推广优质高产品种，粮食生产优质化程度不断提高，自 2000 年以来，全市小麦主推了周麦 16、周麦 18、新麦 18、新麦 19、众麦一号、矮抗 58、偃展 4110、洛麦 21 号、太空 6 号、中育 6 号、平安 6 号、周麦 19、金丰 3 号等品种；玉米主推了郑单 958、蠡玉 16、浚单 20、洛玉 4 号、中科 4 号、中科 11 号；大豆主推了豫豆 22、周豆 12、中黄 13、等品种，基本达到了主导品种明确，布局合理，品质优良，抗灾能力强效果。

粮食产业化水平不断提高：一是订单规模有效提高，周口市积极组织龙头企业与粮食生产基地和农户签订粮食购销合同，降低了农业投资风险。二是依托本地资源优势，积极引进粮食深加工企业，目前，全市有面粉加工企业 75 家，年加工粮食 180 万 t。三是积极培育发展专业合作组织，全市已成立专业合作社 496 个，为农民提供了产前、产中、产后服务。

（二）经济作物种植区域化

周口市的经济作物主要有棉花、烟叶、蔬菜、瓜果、油料、果树等，基本形成了"一乡一业"、"一村一品"的良好格局。全市种植业逐渐向区域化方向发展，初步形成了以扶沟、太康、西华县为主的棉花产区，以沈丘、郸城、商水县和项城市为主的玉米产区，以扶沟、西华县和周口市为主的瓜菜产区。到 2007 年，全市发展优质专用小麦 141 万亩，实现零的突破；高蛋白玉米 4.3 万亩，占播种面积的 1.8%；高淀粉红薯 78 万亩，占 74.4%；高油高蛋白大豆 96 万亩，占 59.2%，优质棉花 208 万亩，占 69.3%。温室大棚 42 万亩，较 1998 年增加了 59%，其中，大棚 12 万亩，温室 8 万亩；发展优质杂果 8 万亩；食用菌鲜菇总产量达到 35.4 万 t。2007 年全市省级无公害农产品生产基地达到 99 个，一个国家级无公害蔬菜生产示范县和两个国家级无公害农产品示范农场，无公害农产品生产面积近 160 万亩，涉及作物品种 30 多个，居全省前列。扶沟的冬枣和黄金瓜、太康的油桃和小辣椒、商水的布郎李和莲藕、淮阳的黄花菜、芦笋和山药、项城的日本甜柿等许多特色农产品种植面积不断扩大，形成了具有一定规模优势的生产基地。2005 年，国家取消了除烟叶以外的农业特产税，全部免征农业税，全市农民累计减负增收达 13.8 亿元；实施对种粮农民直接补贴、良种补贴和大型农机具购置补贴；全面放开粮食购销市场和价格，调动了农民种粮积极性。

（三）林业生产逐步巩固优化

几年来，周口市林业生产坚持"完善、巩固，提高"的主导思想，重点抓好杨树丰产林建设，林网建设通道绿化。既注重商品林发展，同时，又注重生态公益林的发展。2010年，全市林木覆盖率21.6%，农田林网控制率98%，沟河路渠绿化率100%，城镇绿化率35%，村庄绿化率51%。

（四）土地流转步伐加快

近年来，随着农村产业结构调整、农村进城务工人员大幅增加等原因，全市农村土地流转面积呈逐年增加趋势。截至2012年7月底，全市土地流转总面积178.5万亩，比2011年底增加26.5万亩，占家庭承包耕地的16%，其中，转包95.1万亩，占流转总面积53.2%；出租61.7万亩，占流转总面积34.2%；互换11.5万亩，占流转总面积6%；转让2.9万亩，占流转面积1.6%；入股5.2万亩，占流转总面积2.9%；其他2.1万亩，占流转总面积1.2%。

按照土地流转用途分类：种植粮食作物的116.9万亩，种植蔬菜作物28.6万亩，种植经济作物30万亩，种植其他3万亩；按照土地流转规模分类：流转规模100亩以下的占91.3万亩，100~500亩的占58万亩，500~1 000亩的占22.2万亩，1 000亩以上的占7万亩。从以上周口市土地流转后用途分析，全市目前已流转的178.5万亩土地中，用于粮食生产的土地占65.5%。

三、主要生产问题

虽然近年来周口市粮食生产取得了长足发展，但是粮食持续稳定增长的长效机制还没有真正形成，目前，粮食稳定发展仍面临突出的问题。

（一）种粮比较效益低，影响农民积极性

目前，周口市农民种一亩粮食（小麦、玉米两季）的产值在2 000元左右，纯收入1 000元左右，有时更低甚至亏本。而一般蔬菜种植的亩纯收入也在3 000元以上，而一个农民外出打工，一年的纯收入一般达到5 000元左右，甚至更高，大大高于种粮收益。加之近年来农资价格居高不下，粮食生产成本逐年攀升，已抵消了国家对种粮农民的各项惠农补贴，种粮比较效益低，农民积极性不高。

以小麦为例：2009—2011年，由于以化肥、柴油、种子、农药为主的生产资料市场价格不断上涨，每亩生产成本由2009年的341元上升到2011年的394.5元，增加53.5元，增15.7%；亩均总产值虽然由2009年的672.6元增加到2009年的795.7元，增加123.1元，增18.3%；每亩净收益（不含国家惠农补贴和农民人工投入）由2009年的506元增加到2011年的580.5元，增加74.5元，增14.7%。虽然种粮净效益有所增加，但生产成本增幅远高于种粮效益增幅，与农民务工收入和其他经济作物种植相比，效益偏低。

（二）基础设施薄弱，抗御自然灾害能力差

目前，全市仍有近600万亩的中低产田需要进一步改造。全市旱涝保收田664.8万亩、有效灌溉面积885.3万亩，仅占耕地面积的53.7%和71.5%；常年农田易涝面积557万亩，占全市耕地面积的45%，而且有35万亩的农田涝灾不能排除，2003—2007年仅因涝灾对粮食造成的产量损失，全市累计就达20亿kg，平均每年损失粮食4亿kg。特别是近年来，灾害性天气和极端天气因素增多，导致干旱、雨涝、冻害、病虫害等灾害多发、重发，粮食增

产丰收的不确定因素增多，农业防灾减灾的形势十分严峻。

（三）农村劳力流失，种粮农民素质不高

近年来，由于种粮效益远远低于外出务工收入，周口市农村每年外出务工人员近300万人，大都是文化素质相对较高的青壮劳力，是农业和粮食生产的主力军，而留守人员多是妇女、儿童和老人，文化素质不高，接受新技术、新知识能力不强。农村劳动力的大量流失已严重影响到粮食生产，许多地方农田粗种粗管现象较为严重，一些关键生产技术措施落实不到位。特别是相当大一部分新生代农民工，正在逐步由农村进入城市，粮食生产中长期面临严重的劳力短缺问题。

（四）生产组织化程度低，制约生产发展

目前，周口市粮食生产仍是建立在一家一户分散经营基础上的传统生产方式，已严重制约了粮食生产的发展。一家一户的分散经营体制，使得粮食作物布局规划、优质粮食的生产、新品种新技术的推广、大型农业机械的应用和病虫害的统防统治等各项措施难以得到大面积落实推广，与粮食规模生产相比，单位生产成本高，产出效率和经济效益低。据统计，截至目前，全市共流转土地面积近200万亩，不足全市耕地总面积的10%，粮食规模生产的面积小、程度低。

（五）农业基础设施不配套

秸秆粉碎还田机械缺乏，影响了秸秆还田面积和还田数量，是增施有机肥，改良土壤结构，培肥地力的不利因素。

（六）保护土地资源、提高耕地地力意识淡薄

农民群众，甚至包括少数农业技术人员，不能从深处、远处指导农业生产，片面追求眼前产量，而忽略了培肥地力的长远发展目标。

第二章 农业施肥

第一节 农业施肥历史

一、农业施肥历史、数量变化趋势

周口市推广化学肥料始于 1953 年，先后使用的化肥有氨水、氯化铵、碳酸氢铵、硫酸铵、硝酸铵、尿素、磷酸二铵、钙镁磷肥、磷矿粉、过磷酸钙、氯化钾、硫酸钾等 10 余种。1953 年全年施用化肥量仅 600t，1957 年全市施用量增到 800t。从 20 世纪 70 年代起，施用量增加，到 1984 年，氮、磷、钾三要素化肥总施用量达到 1 370 000t，每亩平均施 90kg。80 年以后开始使用微量元素肥料，如锌肥、硼肥、钼肥等。

二、农业施肥现状

周口市化肥用量（折纯）2006 年 64 000t，2007 年 65 840t、2010 年 66 345t。从表 2 - 1 中可看出，2008—2010 年全市化肥总用量呈逐渐增加趋势。2009 年化肥用量比 2008 年增加 1 840t，增幅为 2.9%；2010 年化肥用量比 2009 年增加 505t，增幅为 0.8%。在施肥量总量变化的情况下，施肥结构也发生了一些变化。其中，氮肥施用量开始出现下降趋势，2009 年氮肥用量为 47 800t，比 2008 年用量下降 1 100t，2010 年氮肥用量为 45 100t，比 2009 年用量下降 1 600t。而从图 2 - 1 中可以看出，磷、钾肥施用量呈逐渐增长趋势。再从氮、磷、钾肥的施用结构比例看，2008 年氮、磷、钾施用比例为 1 : 0.21 : 0.13，2009 年氮、磷、钾肥施用比例为 1 : 0.26 : 0.15，2010 年氮、磷、钾肥施用比例为 1 : 0.29 : 0.18，这说明，从 2008—2010 年，通过测土配方施肥项目的实施，周口市总体氮、磷、钾肥的施用结构得到进一步调整，盲目大量施用氮肥的习惯有所扭转，农民群众对磷钾肥引起了重视，施肥结构逐步合理化。

表 2 - 1 周口市 2006—2012 年化肥施用量对比 （单位：t）

年度	氮肥	磷肥	钾肥	总量
2006	424 000	75 000	52 500	551 500
2007	435 600	78 900	58 400	572 900
2008	455 890	81 500	61 600	598 990
2009	423 870	105 100	63 450	592 420
2010	411 050	115 600	75 600	602 250

续表

年度	氮肥	磷肥	钾肥	总量
2011	410 060	116 800	78 350	605 210
2012	408 500	120 560	79 150	608 210
	296 8970	693 460	469 050	

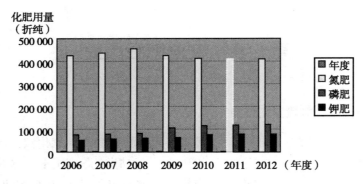

图 2-1　7 年化肥用量态势

（一）周口市 2006—2012 年农户主要施肥结构现状

2008—2010 年，通过对农户肥料的购买和使用情况以及跟踪调查的结果得知，周口市肥料施用结构发生了明显变化。氮肥施用单质氮肥主要以尿素、碳酸氢铵为主，施用量总体呈下降趋势。磷肥品种中单质磷肥施肥比例逐年减少，正在向高含量磷肥过渡，磷酸一铵、二铵所占比例有增加趋势。钾肥施用量在施肥总量上随着周口市测土配方施肥补贴项目的实施，随着人们对施用钾肥作用的正确认识，有所增加。在施用肥料中，复合肥料、复混肥料、配方肥料变化最为明显，复合肥料所占比重由 2006 年的 35% 增加到 2012 年的 65%。配方肥料由 2008 年的 8% 增长到 2012 年的 20%。由此可以看出，项目实施以来，农民的施肥品种逐步由单一肥料过渡到复合肥料、配方肥料，并逐渐向高浓度肥料过渡。

（二）有机肥料施用现状及分析

周口市年产各种有机肥料 2 600 万 t，其中，堆肥、沤肥 1 250 万 t，厩肥 420 万 t，土杂肥 600 万 t，人粪尿每年可积攒 300 万 t。沼气池全市 50 000 座，每座年可产有机肥 6 000 kg，共生产有机肥 30 万 t。在秸秆资源利用方面，秸秆直接还田 200 万亩，还田 100 万 t，秸秆堆沤还田 150 万 t，燃料资源 960 万 t，过腹还田 150 万 t，绿肥面积较小，有机肥加工生产厂 10 座，年产各类商品用有机肥约 100 万 t。在这些有机肥中，堆肥、沤肥、厩肥、土杂肥一般含 N 0.6%、含 P_2O_5 0.3%、含 K_2O 0.5%。全市现有堆沤肥可折合纯 N 15 万 t、P_2O_5 9.6 万 t、K_2O 15.3 万 t。人粪尿一般含 N 0.6%、P_2O_5 0.3%、K_2O 0.25%，全市人粪尿可折合纯 N 1.8 万 t，P_2O_5 0.9 万 t、K_2O 0.75 万 t。秸秆一般含 N 0.55%、P_2O_5 0.33%、K_2O 0.7%。全市实现秸秆直接还田和堆沤还田共计 250 万 t，折纯 N 1.375 万 t、P_2O_5 0.825 万 t。K_2O 1.75 万 t。总之，周口市的有机肥料是一项数量巨大的资源，而且是每年持续不断地生产出来的，利用好了将成为发展农业生产的物质保证。同时，有机肥的使用，已经为周口市的农业增产增效起到了重要作用。

（三）主要作物的施肥现状

目前，全市种植的主要作物有小麦、玉米、大豆、花生、蔬菜等，其中，小麦和玉米种植面积较大，是河南省也是国家重要的商品粮生产基地。下面就主要农作物冬小麦、夏玉米的施肥现状进行分析与评价。

1. 冬小麦施肥现状及分析

冬小麦是周口市的主要粮食作物，2006—2012 年全市冬小麦播种面积均在 950 万亩左右，几年来，随着测土配方施肥补贴项目的实施，随着农民群众对测土配方施肥的正确认识和测土配方施肥技术的推广与应用，全市小麦平均亩产连续均在 500kg 以上（表 2－2）。针对选取的农户施肥情况调查分析，初步摸清了目前冬小麦施肥现状。

表 2－2　调查农户小麦产量分布状况（n＝1650）

产量分级（kg/亩）	户数	所占比例
<200	15	0.9
200～300	24	1.5
300～400	190	11.5
400～500	957	58.0
500～550	356	21.6
>550	108	6.5
	1 650	

（1）冬小麦有机肥施肥现状

冬小麦在有机肥施用方面，主要是以堆肥、沤肥、厩肥、土杂肥、秸秆还田为主。2006—2008 年以来，年亩均投入有机肥量为 600kg，2008—2012 年 900kg，说明有机肥施用量随着测土配方施肥技术的推广及秸秆还田的应用，施用量逐年增加。在施用方法上，小麦有机肥施用基本上作为底肥一次施用，在调查中发现 25% 的农户没有进行施用有机肥和和秸秆还田，70% 的农户在实践中认为，增施有机肥和秸秆还田对于提高小麦后期的生长能力以及保证后期小麦生长不脱肥、提高作物抗逆性方面有显著作用。

针对小麦实际施用有机肥的现状，今后小麦生产要上一个新台阶，还必须积极创造有利条件，适当增加施用有机肥，保证每亩有机肥施用量及秸秆还田量不低于 1 000kg。

（2）冬小麦氮、磷、钾肥的施用现状

据 7 年来的农户调查，周口市小麦产量连年上升，施肥量随着产量的增加也在不断地增长，全市调查 500 户表明：小麦纯氮施用量亩用量小于 5kg 占 1%，5～10kg 占 12%，10～15kg 占 65%，15～20kg 占 16.4，大于 20kg 占 5.6%，可以看出全市小麦纯氮施用量基本在 10～15kg，全市年平均小麦施氮量为 14.5kg/亩；同样在小麦在磷的施用上为：亩施磷小于 3kg 占 11%，3～6kg 占 30%，6～9kg 占 50%，9～12kg 占 7%，大于 12kg 占 2%，平均亩施用量为 6.2kg；在钾的施用上是：亩施用量小于 1kg 的占 16%，1～3kg 的占 44%，3～5kg 的占 36%，5～7kg 的占 3%，大于 7kg 的占 1%，平均亩施钾量为 2.6kg。亩施用氮、磷、钾的比例为 1∶0.43∶0.2，从氮磷钾施用比例以及小麦对氮、磷、钾的吸收情况看，氮、磷、钾施用比例还需要进一步调整（表2－3、表2－4）。

表2－3　调查农户小麦上肥料施肥用量　　　　　（单位：kg/亩）

变量	化肥		
	N	P_2O_5	K_2O
平均值	14.5	6.2	2.6
最大值	22.5	12.5	15.5
最小值	3.6	0	0
变异系数（%）	26.3	31.5	28.4

　　根据调查结果，从氮肥施用时期和施用方法上（500户）：氮肥作底施一次性施用的占25%，大部分以氮肥总量的约75%以底肥形式犁底一次性施入，返青期追肥量约占25%，磷钾肥均作为底肥一次性施入。在氮肥用量上偏高并且一次性施入氮肥的农户反映小麦前期长势较好，分蘖率高，但后期出现贪青晚熟易倒伏，并且病虫害发生率较高等现象，氮肥的过量施用造成了一定的减产。磷、钾肥在用量方面，随着测土配方施肥工作的不断开展和农民群众对磷、钾肥施用的正确认识，逐渐趋向合理化。

　　从肥料施用结构方面看，作底肥施用的肥料主要以复合肥、配方肥、磷肥为主，在小麦追肥方面主要以尿素、复合肥、配方肥为主，分别占小麦追肥的43%、21%、25%（表2－4、表2－5）。但总体来说，周口市部分农户在小麦施肥方面还存在一些问题，主要表现为氮磷钾比例失调，氮素相对投入过多，部分农户对钾肥的施用不够重视，中高产小麦田氮肥底施肥比例不协调等现象。

表2－4　调查农户小麦化肥施用状况（N＝500）

N			P_2O_5			K_2O		
用量分级（kg/亩）	户数	所占比例（%）	用量分级（kg/亩）	户数	所占比例（%）	用量分级（kg/亩）	户数	所占比例（%）
<5	5	1	<3	55	11	<1	80	16
5～10	60	12	3～6	150	30	1～3	220	44
10～15	325	65	6～9	250	50	3～5	180	36
15～20	82	16.4	9～12	35	7	5～7	15	3
>20	28	5.6	>12	10	2	>7	5	1

表2－5　调查农户小麦上基肥氮占氮肥总用量的比例（N＝500）

分级	<40	40～60	60～80	80～100	100
户数	12	30	128	205	125
占比例（%）	2.4	6	25.6	41	25

表 2 - 6　调查农户小麦上化肥施用肥料结构（N = 500）

品种	基肥		追肥	
	户数	所占比例（%）	户数	所占比例
尿素	20	4	215	43
碳铵	35	7	0	0
二铵	15	3	45	9
复合肥	145	29	105	21
配方肥	195	39	125	25
磷肥	55	11	5	1
其他	30	6	5	1

2. 夏玉米施肥现状及分析

（1）夏玉米有机肥施肥现状。从夏玉米有机肥施用上看，亩有机肥施用量较低，但随着小麦秸秆综合利用的宣传以及推广的小麦高留茬和小麦秸秆粉碎直接还田以及堆沤还田等措施的推广应用，2006—2012 年玉米施用有机肥的量还是逐年上升的。从玉米施用有机肥的品种看，玉米施用有机肥主要依靠小麦秸秆还田。

（2）夏玉米氮、磷、钾肥的施用现状。从夏玉米施用氮、磷、钾肥的情况看，整个生育期平均投入化肥纯氮 17.04 kg/亩，磷肥（P_2O_5）2.17kg/亩，钾肥（K_2O）1.68kg/亩，N、P、K 比例为 1：0.13：0.1；2009 年整个生育期平均投入化肥纯氮 17.23 kg/亩，磷肥（P_2O_5）2.66kg/亩，钾肥（K_2O）1.9kg/亩，N、P、K 比例为 1：0.15：0.11；2010 年整个生育期平均投入化肥纯氮 16.22 kg/亩，磷肥（P_2O_5）2.89kg/亩，钾肥（K_2O）1.74kg/亩，N、P、K 比例为 1：0.18：0.11。从氮、磷、钾肥的施用数量看，氮肥的用量逐年减少，磷肥用量逐年上升。

据调查，夏玉米氮肥施用品种主要有：尿素、高氮型复合肥、碳酸氢铵、配方肥等，磷、钾肥施用均来源于配方肥料和复合肥料，施用单质磷钾肥的几乎没有。根据调查得知，周口市夏玉米在施肥方面仍存在一定的问题：一是夏玉米生产中偏施氮肥问题突出，2010年氮肥施用量虽较 2007 年、2008 年和 2009 年虽略有降低，但依然较高，普遍存在氮肥施用过量现象，并且施用方法简单，前期氮肥用量过大；二是农户对磷、钾肥的施用不够重视，虽然磷钾肥的施用量在逐年上升，但夏玉米磷、钾肥施用仍处于较低水平；三是对缺锌土壤不注重锌肥施用、管理粗放、影响肥料应用效果等。

（四）中微量元素肥料施用现状

农业生产上常用的中微量元素肥料种类有：硫酸锌、硫酸锰及其他微肥增效剂等。从20 世纪 90 年代开始就开展了"补钾增微工程"，大面积推广微肥的使用，使土壤微量元素得到有效补充，自 2005 年开始，结合国家测土配方施肥项目的实施，通过大力的宣传与推广，更是有效保证了周口市微量元素的施用。

第二节 存在问题与建议

一、存在问题

20 世纪 80 年代初期，周口市开始大面积施用化肥，并且绝大部分为氮肥。由于当时耕地地力和产量水平以及生产条件的影响，作物产量与施肥量明显呈现正相关，以至于人们产生了"施肥越多产量越高"的错误观念。由于这一习惯性思维，造成了"重无机轻有机，重氮轻磷、钾，片面施肥，过量施肥"等盲目施肥问题，其结果就是 80 年代中后期，小麦大面积倒伏、清枯、贪清晚熟；棉花旺长、病虫害加重等。针对这些问题，农业技术推广部门提出了相应对策，并加以推广应用，尤其是近几年配方施肥技术的推广应用，这些问题得到了有效解决，但随着时间的推移和经济的发展，生产条件的变化，新问题不断出现，主要有以下几个方面。

（1）有机肥料施用面积、数量较小。

（2）施肥数量及氮、磷、钾比例不够合理，部分农户小麦施肥偏重氮肥；玉米施用磷肥、钾肥过少；大豆、花生不施肥料。

（3）农民打工的多，农村劳动力缺乏，不能保证按季节追施肥料，小麦播种时底肥施用量过大，小麦底施肥比例不合理，追肥时一次追足，不能按品种、按作物生育时期，进行追肥，从而降低了肥料利用率，减少单产，降低品质。

（4）农技力量不足，加上在家种地的务农人员年龄偏大，文化素质偏低，技术接受能力差，导致施肥技术指导到位率和使用率偏低。

二、改进意见

（一）大力推广测土配方施肥技术

测土配方施肥是一项富民工程，前景广阔，深受农民欢迎，应长期坚定不移地坚持下去，让农民得到更多的实惠，我们将把测土配方施肥技术推广工作作为一项长期性、基础性的工作来抓，同时，以示范户为基础，重点抓好推广示范农户的辐射作用，提升全县测土配方施肥的面积。

（二）要进一步完善土壤肥力监测体系建设和配套技术服务体系

充分搞好不同配比肥料肥效试验的调查与总结，提高测土配方施肥的精准性，还要完善测土配方施肥户的连续定点监测机制，准确把握不同作物、不同质地的土壤养分变化动态，以便灵活机动准确的搞好配方施肥，也不断提高自身的测土配方施肥技术水平。

（三）实行技物结合，提供合理的配方，搞好配方肥的供应

我们将充分发挥和利用自身的技术优势和声誉，吸纳肥料生产销售单位的资金，争取实现测—配—供—施一条龙服务，从而更大更好地发挥测土配方施肥的节本增效效果。

第三章　土壤与耕地资源特征

第一节　土壤类型及分布

一、土地资源概况

周口市正处于河南省暖温带东部，北亚热带黄褐土带北缘，气候、植被、水文、成土母质南北过渡；地形、地貌，南北东西过渡，决定了全市的地带性土壤和非地带性土壤兼备，并以非地带性土壤为主的成土过程。

全市土壤主要有潮土、砂姜黑土、褐土和黄褐土等 4 个土类，黄褐土、潮褐土、潮土、灰潮土、湿潮土、盐化潮土、砂姜潮土、壤质潮土、黏质潮土、黑底潮土、壤质灰潮土、黏质灰潮土、冲积湿潮土、氯化物盐化潮土、砂姜黑土、青黑土、覆盖砂姜黑土、石灰性砂姜黑土、石灰性青黑土、覆盖石灰性砂姜黑土等 20 个土属。主要壤质是洪水冲积性黄褐土和沙质洪水冲积性潮褐土。由于受气候、大地构造、黄河和沙颍河冲积及人们社会生产活动的影响，市区土壤大致以沙颍河为界，以南多为砂姜黑土；以北是在黄河历代南泛的冲积物上经过人们辛勤耕耘形成的潮土，约占全市总面积的 77% 以上。这两种土壤土质疏松肥沃，都适于农作物种植，为全市农业生产提供了优越的自然条件。

二、土壤分类系统

周口市第二次土壤普查土壤分类系统，根据《全国第二次土壤普查工作分类暂行方案》《河南省第二次土壤普查工作分类暂行方案》，结合周口实际，采用的是土类、亚类、土属、土种四级制。周口市分 4 个土类，8 个亚类，16 个土属，49 个土种（据《周口土壤》1984 年 12 月版），见表 3 - 1。土类和全国、全省保持一致，亚类是土类名称的前面加一成土过程修饰词，土属是根据成土母质的类型、表层质地或加之其他特征的修饰词，并与群众习惯名称相结合进行命名，土种的命名主要依据表层质地和土体构型或在土属前面加以修饰词，并尽量结合群众习惯进行命名。

表 3-1 周口市土壤分类系统（第二次土壤普查数据1984年）

县土类名称	县亚类名称	县土属名称	县土种名称
潮土	潮褐土	二潮黄土	黄土
	褐土化潮土	褐土化两合土	褐土化底沙两合土
			褐土化两合土
			褐土化体沙两合土
			褐土化小两合土
		褐土化淤土	褐土化底沙淤土
			褐土化淤土
	黄潮土	废墟土	壤质废墟土
		黑底潮土	黑底小两合土
			黑底淤土
		两合土	底壤淤土
			底沙两合土
			底黏小两合土
			夹黏小两合土
			两合土
			体沙两合土
			体沙小两合土
			体黏小两合土
			小两合土
			腰沙两合土
			腰沙小两合土
			腰沙淤土
			腰黏小两合土
		沙土	底壤沙壤土
			底黏沙壤土
			夹黏沙壤土
			沙壤土
			沙土
			体壤沙土
			体黏沙壤土
			腰黏沙壤土
		淤土	底壤淤土
			底沙淤土
			夹壤淤土
			体壤淤土
			体沙淤土
			小两合土
			腰壤淤土
			腰沙淤土
			淤土

县土类名称	县亚类名称	县土属名称	县土种名称
潮土	灰潮土	灰两合土	灰底沙两合土
			灰两合土
		灰沙土	灰体黏沙壤土
		灰淤土	灰底壤淤土
			灰腰沙淤土
			灰淤土
	湿潮土	湿潮土	黏质湿潮土
	盐化潮土	轻盐潮土	轻盐底沙两合土
			轻盐体沙小两合土
		盐化潮土	轻盐底黏小两合土
			轻盐两合土
			重盐体壤沙壤土
			重盐小两合土
风沙土	冲击性风沙土	沙滩风沙土	细砂风沙土
	冲积性风沙土	沙滩风沙土	细砂风沙土
褐土	潮褐土	二潮黄土	黄土
			沙性黄土
	淋溶褐土	暗黄土	壤质暗黄土
黄棕壤	黄褐土	老黄土	壤黄土
砂姜黑土	砂姜黑土	黑老土	黏质薄复黑老土
			黏质厚复黑老土
		灰质黑老土	青黑土
			壤质厚复灰质黑老土
			壤质厚覆灰质黑老土
			黏质薄复灰质黑老土
			黏质厚复灰质黑老土
		灰质老土	壤质厚复灰质老土
		灰质砂姜黑土	灰黑土
			灰质浅位薄层少量砂姜
			深位少量灰质砂姜黑土
		砂姜黑土	浅位薄层少量砂姜黑土
			浅位厚层少量砂姜黑土
			浅位中层少量砂姜黑土
			青黑土
			深位薄层少量砂姜黑土
			深位中层少量砂姜黑土
			黏质厚复灰质黑老土

三、与河南省土种对接后的土壤类型

根据农业部和河南省土肥站的要求，将周口市土种与河南省土种进行对接，对接后共有 4 个土类，8 个亚类，16 个土属，40 个土种。土种对接与归并情况，详见表 3 - 2。

表3-2 周口市土种对照表

省土类名称	省亚类名称	省土属名称	省土种名称	县土种名称
潮土	典型潮土	洪积潮土	黑底潮壤土	黑底小两合土
		石灰性潮壤土	底沙两合土	底沙两合土
				褐土化底沙两合土
			底黏小两合土	底黏小两合土
			两合土	褐土化两合土
				两合土
				壤质废墟土
			浅位厚沙小两合土	体沙小两合土
			浅位厚黏小两合土	体黏小两合土
			浅位沙两合土	褐土化体沙两合土
				体沙两合土
				腰沙两合土
			浅位沙小两合土	体沙小两合土
				腰沙小两合土
			浅位黏小两合土	夹黏小两合土
				腰黏小两合土
			小两合土	褐土化小两合土
				小两合土
		石灰性潮沙土	底壤沙壤土	底壤沙壤土
			底黏沙壤土	底黏沙壤土
			浅位壤沙质潮土	体壤沙土
			浅位黏沙壤土	灰体黏沙壤土
				夹黏沙壤土
				体黏沙壤土
				腰黏沙壤土
			沙壤土	沙壤土
			沙质潮土	沙土
		石灰性潮黏土	底沙淤土	底沙淤土
				褐土化底沙淤土
				体沙淤土
			黑底潮淤土	黑底淤土
			浅位厚壤淤土	体壤淤土
				腰壤淤土
			浅位厚沙淤土	体沙淤土
			浅位沙淤土	灰腰沙淤土
				腰沙淤土
			淤土	底壤淤土
				褐土化淤土
				灰底壤淤土
				夹壤淤土
				淤土
	灰潮土	灰潮壤土	底沙灰两合土	灰底沙两合土
			底黏灰小两合土	壤质暗黄土
			灰两合土	灰两合土
			灰淤土	灰淤土

省土类名称	省亚类名称	省土属名称	省土种名称	县土种名称
潮土	灰潮土	灰潮黏土	灰淤土	灰淤土
	湿潮土	湿潮黏土	黏质冲积湿潮土	黏质湿潮土
	盐化潮土	氯化物潮土	氯化物轻盐化潮土	轻盐底沙两合土
				轻盐底黏小两合土
				轻盐两合土
				轻盐体沙小两合土
				重盐体壤沙壤土
				重盐小两合土
风沙土	草甸风沙土	固定草甸风沙土	固定草甸风沙土	细沙风沙土
褐土	潮褐土	泥沙质潮褐土	壤质潮褐土	黄土
				壤黄土
				沙性黄土
			沙质潮褐土	沙性黄土
砂姜黑土	典型砂姜黑土	覆泥黑姜土	黏复砂姜黑土	黏质薄复黑老土
				黏质厚复黑老土
		黑姜土	浅位少量砂姜黑土	浅位薄层少量砂姜黑土
				浅位厚层少量砂姜黑土
				浅位中层少量砂姜黑土
			深位少量砂姜黑土	深位薄层少量砂姜黑土
				深位中层少量砂姜黑土
		灰黑姜土	浅位少量砂姜石灰性沙	灰质浅位薄层少量砂姜
		灰青黑土	石灰性青黑土	灰黑土
		青黑土	青黑土	青黑土
		青黑土汇总		
	石灰性砂姜黑土	灰覆黑姜土	壤盖石灰性砂姜黑土	壤质厚复灰质黑老土
				壤质厚复灰质老土
				壤质厚覆灰质黑老土
			黏盖石灰性砂姜黑土	青黑土
				壤质厚复灰质黑老土
				黏质薄复灰质黑老土
				黏质厚复灰质黑老土
		灰黑姜土	深位少量砂姜石灰性沙	深位少量灰质砂姜黑土

四、土类的主要性状及生产性能

周口市共有四大类土壤类型（图 3-1）。周口市的黄褐土是北亚热带北缘的地带性土壤，土壤面积为 4.5 万亩，主要分布在项城市南部的太埠岭和川岗岭一带。全市黄褐土类土壤养分现状为（表 3-3）：有机质平均为 16.0g/kg、全氮 1.00g/kg；有效磷 15.9mg/kg；速效钾 141.9mg/kg；缓效钾 817mg/kg；有效锌 0.65mg/kg；有效锰 5.2mg/kg；有效铜 1.16mg/kg；有效铁 9.5mg/kg；有效硼 0.11mg/kg；土壤酸碱度为 7.8。周口市的褐土土类土壤面积为 13.5 万亩，主要分布在扶沟、西华、商水 3 县西部地势较高的缓岗地带。其中，扶沟 6.5 万亩，主要分布在韭园、城郊至练寺一带，西华 6 万亩，分布于奉母、址坊、逍遥各乡沙颍河洪积片状岗地上；商水 1 万亩，分布郝岗北部的平岗地，与沙河北岸西华褐土连成一片。土壤养分为：有机质平均为 15.6g/kg、全氮 1.00g/kg；有效磷 14.7mg/kg；速效钾 130.6mg/kg；有效锌 0.43mg/kg；有效锰 4.3mg/kg；有效铜 1.24mg/kg；有效铁 4.9mg/kg；土壤酸碱度为 7.7。潮土是周口市面积最大、分布最广的土壤类型，全市潮土面积 1 050 万亩，占全市土壤面积的 76.6%，广泛分布于八县一市一区。潮土土壤养分为：有机质平均为 15.6g/kg、全氮 1.00g/kg；有效磷 15.8mg/kg；速效钾 141.7mg/kg；有效锌 1.18mg/kg；有效锰 5.2mg/kg；有效铜 1.18mg/kg；有效铁 6.2mg/kg；土壤酸碱度为 7.9。砂姜黑土土壤面积 260 万亩，占全市土壤面积 20%，主要分布在沙颍河以南沈丘、项城、商水的汾泉河、泥河两岸以及郸城的黑河两岸。砂姜黑土土壤养分为：有机质平均为 17.3g/kg、全氮 1.10g/kg；有效磷 16.4mg/kg；速效钾 143.2mg/kg；有效锌 0.75mg/kg；有效锰 5.6mg/kg；有效铜 1.19mg/kg；有效铁 5.3mg/kg；土壤酸碱度为 7.4。

表 3-3　周口市土类面积、养分状况

省土类名称	面积（hm²）	比例（%）	有机质（g/kg）	有效磷（mg/kg）	速效钾（mg/kg）	pH 值
潮土	680 429.65	74.82	14.55	16.26	140.55	7.99
风沙土	578.16	0.06	17.49	15.21	95.67	8.26
褐土	14 893.65	1.64	14.94	16.97	130.88	7.51
砂姜黑土	213 515.23	23.48	16.96	16.33	145.56	7.44
总计	909 416.69	100.00	15.09	16.29	141.38	7.86

五、土属的分布概况

不同土属县市分布情况。

根据土体构型划分土种，全市总共有土属 16 个，详见表 3-4、表 3-5。

表 3-4　　周口市土属土种面积汇总　　　　　　　　　（单位：hm²）

省土类名称	省亚类名称	省土属名称	省土种名称	汇总	占总面积（%）
潮土	典型潮土	洪积潮土	黑底潮壤土	2 864.30	0.31
		洪积潮土 汇总		2 864.30	0.31
		石灰性潮壤土	底沙两合土	31 712.54	3.49
			底黏小两合土	1 559.02	0.17
			两合土	39 646.79	4.36
			浅位厚沙小两合土	36 653.68	4.03
			浅位厚黏小两合土	2 615.88	0.29
			浅位沙两合土	66 586.22	7.32
			浅位沙小两合土	4 368.22	0.48

省土类名称	省亚类名称	省土属名称	省土种名称	汇总	占总面积（%）
			浅位黏小两合土	8 591.92	0.94
			小两合土	69 756.79	7.67
		石灰性潮壤土 汇总		261 491.05	28.75
		石灰性潮沙土	底壤沙壤土	18 796.03	2.07
			底黏沙壤土	1 731.56	0.19
			浅位壤沙质潮土	4 634.41	0.51
			浅位黏沙壤土	506.25	0.06
			沙壤土	94 067.36	10.34
			沙质潮土	167.45	0.02
		石灰性潮沙土 汇总		119 903.06	13.18
		石灰性潮黏土	底沙淤土	30 322.57	3.33
			黑底潮淤土	14 538.01	1.60
			浅位厚壤淤土	20 547.26	2.26
			浅位厚沙淤土	24 594.60	2.70
			浅位沙淤土	1 765.29	0.19
			淤土	178 618.31	19.64
		石灰性潮黏土 汇总		270 386.04	29.73
	典型潮土汇总			654 644.46	71.99
	灰潮土	灰潮壤土	底沙灰两合土	76.74	0.01
			底黏灰小两合土	3 238.47	0.36
			灰两合土	4 896.79	0.54
		灰潮壤土 汇总		8 212.00	0.90
		灰潮黏土	灰淤土	15 958.32	1.75
		灰潮黏土 汇总		15 958.32	1.75
	灰潮土汇总			24 170.32	2.66
	湿潮土	湿潮黏土	黏质冲积湿潮土	1 021.08	0.11
		湿潮黏土 汇总		1 021.08	0.11
	湿潮土汇总			1 021.08	0.11
	盐化潮土	氯化物潮土	氯化物轻盐化潮土	593.79	0.07
		氯化物潮土 汇总		593.79	0.07
	盐化潮土汇总			593.79	0.07
潮土汇总				680 429.65	74.82
风沙土	草甸风沙土	固定草甸风沙土	固定草甸风沙土	578.16	0.06
		固定草甸风沙土 汇总		578.16	0.06
	草甸风沙土汇总			578.16	0.06
风沙土汇总				578.16	0.06

续表

省土类名称	省亚类名称	省土属名称	省土种名称	汇总	占总面积（%）
褐土	潮褐土	泥沙质潮褐土	壤质潮褐土	14 757.31	1.62
			沙质潮褐土	136.34	0.01
		泥沙质潮褐土 汇总		14 893.65	1.64
	潮褐土 汇总			14 893.65	1.64
褐土汇总				14 893.65	1.64
砂姜黑土	典型砂姜黑土	覆泥黑姜土	黏复砂姜黑土	46 798.03	5.15
		覆泥黑姜土 汇总		46 798.03	5.15
		黑姜土	浅位少量砂姜黑土	3 791.92	0.42
			深位少量砂姜黑土	7 368.18	0.81
		黑姜土 汇总		11 160.10	1.23
		灰黑姜土	浅位少量砂姜石灰性沙	1 053.98	0.12
		灰黑姜土 汇总		1 053.98	0.12
		灰青黑土	石灰性青黑土	7 138.50	0.78
		灰青黑土 汇总		7 138.50	0.78
		青黑土	青黑土	25 539.97	2.81
		青黑土 汇总		25 539.97	2.81
	典型砂姜黑土 汇总			91 690.58	10.08
	石灰性砂姜黑土	灰覆黑姜土	壤盖石灰性砂姜黑土	26 872.95	2.95
			黏盖石灰性砂姜黑土	94 916.98	10.44
		灰覆黑姜土 汇总		121 789.92	13.39
		灰黑姜土	深位少量砂姜石灰性沙	34.73	0.00
		灰黑姜土 汇总		34.73	0.00
	石灰性砂姜黑土 汇总			121 824.65	13.40
砂姜黑土 汇总				213 515.23	23.48
总计				909 416.69	100.00

表 3-5　周口市 16 个土属面积分布

（单位：hm²）

省土属名称	郸城县	扶沟县	淮阳县	鹿邑县	商水县	沈丘县	太康县	西华县	项城市	总计
覆泥黑姜土					14 111.31	12 583.16			20 103.55	46 798.03
固定草甸风沙土								578.16		578.16
黑姜土					3 042.40	1 290.37			6 827.33	11 160.10
洪积潮土	78.94		1 547.25			618.32			619.78	2 864.30
灰潮壤土					3 627.00				4 585.00	8 212.00
灰潮黏土			11.18	5 002.27				4 297.38	6 647.50	15 958.32

续表

省土属名称	郸城县	扶沟县	淮阳县	鹿邑县	商水县	沈丘县	太康县	西华县	项城市	总计
灰覆黑姜土	68 464.92	815.89	876.84	1 452.56	22 450.40	18 641.80		2 507.51	6 580.02	121 789.92
灰黑姜土	34.73				139.64	85.49		819.56	9.30	1 088.71
灰青黑土	748.37		23.95		1 057.19	4 722.00		514.55	72.44	7 138.50
氯化物潮土							328.94	264.85		593.79
泥沙质潮褐土		3 299.71			3 189.15			5 816.04	2 588.74	14 893.65
青黑土					11 555.61	409.93			13 574.43	25 539.97
湿潮黏土						27.74			993.34	1 021.08
石灰性潮壤土	15 033.19	37 948.24	45 558.15	24 468.83	17 803.33	23 958.07	58 357.06	30 471.28	7 892.91	26 1491.05
石灰性潮沙土	236.03	35 301.66	49 390.48		110.36		10 186.43	24 678.11		119 903.06
石灰性潮黏土	28 950.85	16 978.48	14 411.88	69 831.89	19 311.50	18 648.27	71 429.06	19 946.42	10 877.67	270 386.04
总计	113 547.03	94 343.98	110 261.29	97 311.71	101 400.16	80 985.15	140 301.49	89 893.86	81 372.02	909 416.69
占面积比例(%)	12.49	10.37	12.12	10.70	11.15	8.91	15.43	9.88	8.95	100.00

图 3-1　周口市土壤分布图

六、土种的分布情况

根据土体构型划分土种，将《周口土壤》（1984 年版）土壤分类系统，与河南省统一土种命名之方案进行对接，对接后周口市共有 40 个土种，详见表 3 - 6、表 3 - 7、图 3 - 2、图 3 - 3。

表 3 - 6　周口市土种

省土种名称	郸城县	扶沟县	淮阳县	鹿邑县	商水县	沈丘县	太康县	西华县	项城市	总计
底壤沙壤土	0.00	100.70	0.00	0.00	0.00	0.00	77.99	18 617.33	0.00	18 796.03
底沙灰两合土	0.00	0.00	0.00	0.00	76.74	0.00	0.00	0.00	0.00	76.74
底沙两合土	0.00	27.91	21 419.59	771.92	2 278.70	102.93	6 055.14	690.77	365.58	31 712.54
底沙淤土	0.00	5 386.34	1 106.96	8 931.69	150.95	0.00	13 794.88	830.20	121.54	30 322.57
底黏沙小两合土	0.00	0.00	0.00	0.00	3 238.47	0.00	0.00	0.00	0.00	3 238.47
底黏沙壤土	0.00	370.68	38.29	0.00	0.00	0.00	261.88	1 060.71	0.00	1 731.56
底黏小两合土	0.00	72.74	1 486.27	0.00	0.00	0.00	0.00	0.00	0.00	1 559.02
固定草甸风沙土	0.00	0.00	0.00	0.00	0.00	0.00	0.00	578.16	0.00	578.16
黑底潮壤土	78.94	0.00	0.00	1 547.25	0.00	618.32	0.00	0.00	619.78	2 864.30
黑底潮淤土	9 189.25	484.14	0.00	91.94	0.00	4 772.68	0.00	0.00	0.00	14 538.01
灰两合土	0.00	0.00	0.00	311.80	0.00	0.00	0.00	0.00	4 585.00	4 896.79
灰淤土	0.00	0.00	0.00	11.18	5 002.27	0.00	0.00	4 297.38	6 647.50	15 958.32
两合土	1 046.25	7 952.93	6 073.07	7 100.97	11 399.45	3 658.57	1 589.55	149.10	676.89	39 646.79
氯化物轻盐化潮土	0.00	0.00	0.00	0.00	0.00	0.00	328.94	264.85	0.00	593.79
浅位厚壤淤土	42.98	92.42	138.58	274.27	102.48	12 930.06	2 782.83	4 096.03	87.61	20 547.26
浅位厚沙小两合土	11 687.93	4 806.52	112.23	392.83	0.00	2 829.55	2 817.11	8 293.58	5713.93	36 653.68
浅位厚沙淤土	1 322.48	3 647.12	3 120.81	1 056.69	88.58	428.79	14 176.56	737.32	16.25	24 594.60
浅位厚黏小两合土	0.00	0.00	641.72	977.78	0.00	212.45	150.81	607.70	25.44	2 615.88
浅位壤沙质黏土	0.00	0.00	125.76	0.00	110.36	0.00	21.22	4 377.07	0.00	4 634.41
浅位沙两合土	248.69	1 411.07	6 157.54	1 722.17	654.49	11 158.55	33 333.87	11 507.64	392.19	66 586.22
浅位沙小两合土	5.86	588.77	0.00	3 612.52	0.00	133.28	27.80	0.00	0.00	4 368.22
浅位沙淤土	0.00	805.24	30.51	106.34	292.29	94.70	242.49	193.72	0.00	1 765.29
浅位少量砂姜黑土	0.00	0.00	0.00	0.00	1 597.11	1 290.37	0.00	0.00	904.44	3 791.92
浅位少量砂姜石灰性沙	0.00	0.00	0.00	0.00	139.64	85.49	0.00	819.56	9.30	1 053.98
浅位黏沙壤土	0.00	76.61	0.00	0.00	0.00	0.00	41.66	387.98	0.00	506.25
浅位黏小两合土	81.64	14.59	69.69	7 296.79	0.00	263.87	274.02	534.34	56.97	8 591.92
青黑土	0.00	0.00	0.00	0.00	11 555.61	409.93	0.00	0.00	13 574.43	25 539.97
壤盖石灰性砂姜黑土	5 965.68	0.00	66.98	1 443.02	88.71	16 087.34	0.00	0.00	3 221.23	26 872.95
壤质潮褐土	0.00	3 163.37	0.00	0.00	3 189.15	0.00	0.00	5 816.04	2 588.74	14 757.31

续表

省土种名称	郸城县	扶沟县	淮阳县	鹿邑县	商水县	沈丘县	太康县	西华县	项城市	总计
沙壤土	236.03	34 586.21	49 226.43	0.00	0.00	0.00	9 783.67	235.02	0.00	94 067.36
沙质潮褐土	0.00	136.34	0.00	0.00	0.00	0.00	0.00	0.00	0.00	136.34
沙质潮土	0.00	167.45	0.00	0.00	0.00	0.00	0.00	0.00	0.00	167.45
深位少量砂姜黑土	0.00	0.00	0.00	0.00	1 445.29	0.00	0.00	0.00	5 922.89	7 368.18
深位少量砂姜石灰性沙	34.73	0.00	0.00	0.00	0.00	0.00	0.00	0.00	0.00	34.73
石灰性青黑土	748.37	0.00	23.95	0.00	1 057.19	4 722.00	0.00	514.55	72.44	7 138.50
小两合土	1 962.81	23 073.71	9 598.04	2 593.85	3 470.68	5 598.87	14 108.76	8 688.15	661.91	69 756.79
淤土	18 396.14	6 563.22	10 015.02	59 370.97	18 677.20	422.03	40 432.30	14 089.15	10 652.27	178 618.31
黏复砂姜黑土	0.00	0.00	0.00	0.00	14 111.31	12 583.16	0.00	0.00	20 103.55	46 798.03
黏盖石灰性砂姜黑土	62 499.24	815.89	809.86	9.54	22 361.69	2 554.46	0.00	2 507.51	3 358.79	94 916.98
黏质冲积湿潮土	0.00	0.00	0.00	0.00	27.74	0.00	0.00	0.00	993.34	1 021.08
总计	113 547.03	94 343.98	110 261.29	97 311.71	101 400.16	80985.15	140 301.49	89 893.86	81 372.02	909 416.69
（%）	12.49	10.37	12.12	10.70	11.15	8.91	15.43	9.88	8.95	100.00

表 3 - 7　各类土种土壤养分现状

省土种名称	有机质	有效磷	速效钾	pH
底壤沙壤土	14.29	15.49	95.44	8.25
底沙灰两合土	14.97	15.50	109.33	7.10
底沙两合土	14.39	16.12	133.81	8.13
底沙淤土	13.73	17.93	169.73	8.04
底黏灰小两合土	15.88	15.95	119.21	6.91
底黏沙壤土	13.52	17.09	120.89	8.22
底黏小两合土	14.34	13.62	143.16	8.30
固定草甸风沙土	17.49	15.21	95.67	8.26
黑底潮壤土	16.07	16.73	169.38	7.80
黑底潮淤土	17.45	14.32	173.18	8.08
灰两合土	15.13	18.28	121.74	6.87
灰淤土	16.10	17.80	134.77	7.09
两合土	14.83	15.52	134.04	7.98
氯化物轻盐化潮土	12.66	19.77	144.84	8.16
浅位厚壤淤土	15.95	13.94	129.98	8.20
浅位厚沙小两合土	15.00	15.77	132.95	7.95
浅位厚沙淤土	13.65	17.70	153.90	8.09
浅位厚黏小两合土	15.50	15.29	140.43	8.09

省土种名称	有机质	有效磷	速效钾	pH
浅位壤沙质潮土	15.06	15.78	95.59	8.20
浅位沙两合土	13.71	15.62	139.17	8.12
浅位沙小两合土	15.30	18.06	167.36	8.01
浅位沙淤土	13.54	16.60	144.85	8.11
浅位少量砂姜黑土	16.31	16.46	122.76	7.00
浅位少量砂姜石灰性砂	17.43	15.58	163.00	8.10
浅位黏沙壤土	14.81	17.13	118.00	8.18
浅位黏小两合土	15.58	15.18	158.39	8.04
青黑土	15.74	18.52	130.36	6.86
壤盖石灰性砂姜黑土	16.43	14.68	141.07	7.79
壤质潮褐土	15.13	16.78	131.09	7.49
沙壤土	12.61	17.07	125.18	8.18
沙质潮褐土	10.00	21.99	125.43	8.14
沙质潮土	10.72	22.34	139.00	8.22
深位少量砂姜黑土	15.33	17.52	127.56	6.75
深位少量砂姜石灰性沙	17.05	17.65	156.50	7.85
石灰性青黑土	17.81	14.03	149.63	7.92
小两合土	13.46	15.57	126.41	8.09
淤土	15.30	16.91	159.35	7.93
黏复砂姜黑土	16.03	16.94	124.93	7.03
黏盖石灰性砂姜黑土	18.31	15.61	167.95	7.89
黏质冲积湿潮土	16.75	21.70	172.09	7.10
总计	15.09	16.29	141.38	7.86

第二节　耕地立地条件

一、土壤质地

紧沙土：耕地面积 5 380.03hm²，占全市耕地面积的 0.59%，主要分布在扶沟、淮阳、商水、太康、西华五个县。

轻壤土：耕地面积 144 762.63hm²，占全市耕地面积的 15.9%，主要分布在郸城、扶沟、淮阳、鹿邑、商水、沈丘、太康、西华、项城等市县。

轻黏土：耕地面积 117 268.72hm²，占全市耕地面积的 12.9%，主要分布在全市各县市。

沙壤土：耕地面积 115 237.54hm²，占全市耕地面积的 12.7%，主要分布在郸城、扶

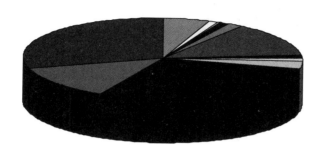

覆泥黑姜土
固定草甸风沙土
黑姜土
洪积潮土
灰潮壤土
灰潮黏土
灰覆黑姜土
灰黑姜土
灰青黑土
氯化物潮土
泥沙质潮褐土
青黑土
湿潮黏土
石灰性潮壤土
石灰性潮沙土
石灰性潮黏土

图 3 - 2　周口市土属面积比重

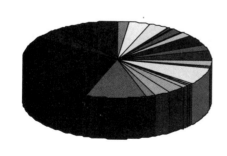

底壤沙壤土	浅位沙小两合土
底沙灰两合土	浅位沙淤土
底沙两合土	浅位少量砂姜黑土
底沙淤土	浅位少量砂姜石灰性沙
底黏灰小两合土	浅位黏沙壤土
底黏沙壤土	浅位黏小两合土
底黏小两合土	青黑土
固定草甸风沙土	壤盖石灰性砂姜黑土
黑底潮壤土	壤质潮褐土
黑底潮淤土	沙壤土
灰两合土	沙质潮褐土
灰淤土	沙质潮土
两合土	深位少量砂姜黑土
氯化物轻盐化潮土	深位少量砂姜石灰性沙
浅位厚壤淤土	石灰性青黑土
浅位厚沙小两合土	小两合土
浅位厚沙淤土	淤土
浅位厚黏小两合土	黏复砂姜黑土
浅位壤沙质潮土	黏盖石灰性砂姜黑土
浅位沙两合土	黏质冲积湿潮土

图 3 - 3　周口市土种面积比重

沟、淮阳、太康、西华等县市。

　　中黏土：耕地面积 61.56hm²，占全市耕地面积的 0.007%，主要分布在鹿邑县。

　　中壤土：耕地面积 177 396.95hm²，占全市耕地面积的 19.5%，分布在全市各县市。

　　重壤土：耕地面积 342 746.04hm²，占全市耕地面积的 37.7%，分布在全市各县市。

重黏土：耕地面积6 563.22hm²，占全市耕地面积的0.7%，主要分布在等扶沟（图3 - 4、图3 - 5，表3 - 8、表3 - 9）。

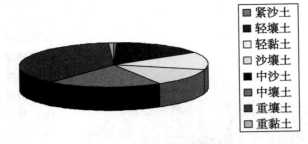

图3 - 4　周口市质地面积比重

图3 - 5　周口市土壤耕层质地分布

表3-8 周口市耕地土壤质地面积统计 （单位：hm²）

耕层质地	郸城县	扶沟县	淮阳县	鹿邑县	商水县	沈丘县	太康县	西华县	项城市	总计
紧沙土	0	167.45	125.76	0	110.36	0	21.22	4 955.23	0	5 380.03
轻壤土	13 817.19	31 719.7	11 907.9	16 421.02	9 898.31	9 656.34	17 671.47	24 003.88	9 666.77	144 762.63
轻黏土	11 260.1	5 079.36	3 157.3	1 217.98	14 298.4	11 623.7	54 608.8	1 455.27	14 567.57	117 268.72
沙壤土	236.03	35 270.55	49 264.7	0	0	0	10 165.21	20 301.04	0	115 237.54
中黏土	0	0	0	61.56	0	0	0	0	0	61.56
中壤土	7 260.62	9 391.91	33 717.18	11 038.08	16 255.17	31 007.39	41 014.53	12 548.29	15 163.78	177 396.95
重壤土	80 973.09	6 151.78	12 088.36	68 573.07	60 837.83	28 697.65	16 820.21	26 630.15	41 973.91	342 746.04
重黏土	0	6 563.22	0	0	0	0	0	0	0	6 563.22
总计	113 547.03	94 343.98	110 261.29	97 311.71	101 400.16	80 985.15	140 301.49	89 893.86	81 372.02	909 416.69
%	12.49	10.37	12.12	10.7	11.15	8.91	15.43	9.88	8.95	100

二、土壤质地构型

表3-9 不同质地构型质地县市分布 （单位：hm²）

质地构型	郸城县	扶沟县	淮阳县	鹿邑县	商水县	沈丘县	太康县	西华县	项城市	总计
夹黏轻壤	81.64	14.59	69.69	7 296.79	0.00	263.87	274.02	534.34	56.97	8 591.92
夹黏沙壤	0.00	76.61	0.00	0.00	0.00	0.00	41.66	63.80	0.00	182.07
夹黏中壤	0.00	0.00	0.00	0.00	277.20	0.00	0.00	0.00	5 922.89	6 200.09
夹壤黏土	0.00	0.00	12.57	61.56	18 677.20	0.00	0.00	196.39	0.00	18 947.73
夹壤重壤	0.00	0.00	0.00	0.00	0.00	0.00	0.00	263.12	0.00	263.12
夹沙黏土	0.00	0.00	0.00	0.00	0.00	0.00	0.00	7.01	0.00	7.01
夹沙轻壤	84.80	0.00	0.00	5 159.77	0.00	751.60	14 136.57	0.00	619.78	20 752.52
夹沙中壤	231.34	1 207.48	84.16	116.66	40.49	11 158.55	906.40	1 119.43	0.00	14 864.49
夹沙重壤	0.00	805.24	30.51	106.34	292.29	94.70	242.49	186.71	0.00	1 758.29
均质黏土	46 671.02	6 563.22	9 373.99	9.54	2 654.30	6 012.37	40 432.30	514.55	14 551.32	126 782.60
均质轻壤	0.00	2 910.52	9 598.04	0.00	0.00	0.00	0.00	5 816.04	661.91	18 986.51
均质沙壤	236.03	34 975.40	49 226.43	0.00	0.00	0.00	9 783.67	235.02	0.00	94 456.55
均质沙土	0.00	167.45	0.00	0.00	0.00	0.00	0.00	578.16	0.00	745.62
均质中壤	1 046.25	7 952.93	6 140.05	8 543.99	11 488.16	3 658.57	1 589.55	0.00	676.89	41 096.39
均质重壤	40 973.13	815.89	809.86	59 091.71	23 225.46	15 997.32	0.00	20 171.10	40 861.13	201 945.61
黏底轻壤	0.00	72.74	1 486.27	0.00	3 238.47	212.45	45.04	0.00	25.44	5 080.40
黏底沙壤	0.00	370.68	38.29	0.00	0.00	0.00	261.88	1 060.71	0.00	1 731.56
黏底中壤	0.00	0.00	0.00	0.00	0.00	0.00	0.00	149.10	3 221.23	3 370.33
黏身轻壤	0.00	0.00	641.72	977.78	0.00	0.00	150.81	607.70	0.00	2 378.00
黏身沙壤	0.00	0.00	0.00	0.00	0.00	0.00	0.00	324.18	0.00	324.18

质地构型	郸城县	扶沟县	淮阳县	鹿邑县	商水县	沈丘县	太康县	西华县	项城市	总计
黏身中壤	0.00	0.00	0.00	0.00	311.80	16 087.34	0.00	0.00	4 585.00	20 984.13
壤底黏土	9 189.25	484.14	0.00	91.94	11 555.61	4 772.68	0.00	459.82	13.55	26 566.99
壤底沙壤	0.00	100.70	0.00	0.00	0.00	0.00	77.99	18 617.33	0.00	18 796.03
壤底重壤	0.00	0.00	0.00	228.87	139.64	85.49	0.00	819.56	890.07	2 163.62
壤身沙土	0.00	0.00	125.76	0.00	110.36	0.00	21.22	4 377.07	0.00	4 634.41
壤身重壤	42.98	92.42	790.98	274.27	19 520.38	12 930.06	2 782.83	3 899.63	87.61	40 421.17
沙底中壤	0.00	976.01	21 419.59	841.27	2 355.43	102.93	6091.12	891.54	365.58	33 043.47
沙底重壤	0.00	4 438.24	1 106.96	8 862.34	150.95	0.00	13 794.88	830.20	121.54	29 305.12
沙身黏土	1 322.48	3 647.12	3 120.81	1 056.69	88.58	428.79	14 176.61	737.32	16.25	24 594.60
沙身轻壤	13 650.75	28 469.00	112.23	2 986.68	3 470.68	8 428.42	3 065.04	17 045.80	5 713.93	82 942.53
沙身中壤	17.35	203.60	6 073.38	1 605.51	614.00	0.00	32 427.47	10 388.32	392.19	51 721.73
黏底轻壤	0.00	0.00	0.00	0.00	3 189.15	0.00	0.00	0.00	2 588.74	5 777.90
总计	113 547.03	94 343.98	110 261.29	97 311.71	101 400.16	80 985.15	140 301.49	89 893.86	81 372.02	909 416.69
(%)	12.49	10.37	12.12	10.70	11.15	8.91	15.43	9.88	8.95	100.00

三、成土母质

地形地貌不同，地层岩石的理化性质亦不同，这就必然影响到一系列的自然、人为因素对成土母质的作用以及成土母质在水、风、重力作用下的再分配，从而形成不同的母质类型。周口成土母质类型，有以下 4 种。

1. 冲积母质

冲积母质分两种情况：一是北部冲积平原，属第四纪全新统地层，岩性多为浅灰黄、灰棕黄色亚沙土、亚黏土、黏土的黄泛及沙颖河沉积物。因沉积物主要来源水热条件较差的黄土区，故黄土成分多，石灰含量丰富。二是南、西南部冲积平原，亦属第四纪全新统地层，岩性多为灰黄、黄灰色亚沙土、亚黏土、黏土的洪沙河沉积物。因沉积物主要来源水热条件较好的伏年山区东侧和黄棕壤土区，故盐离子受淋溶较强，石灰含量低。共同特点：一是成层性。沉积物具有明显的成层性，上下层质地不完全相同。二是成带性。沉积物颗粒近黄泛大溜或泛滥河床者粗，远者细，显示成带状分布的特点。反映在地表组成物质上就是沙土带、亚沙土带、黏土带的分布。但由于黄泛大溜多次变动，泛滥河流决口不一，时间不同，这种带状沉积规律，在很大程度上受到破坏，并出现片状沙、黏的复杂分布情况。三是复杂性。沉积物组成成分较复杂。沙、壤、黏土的矿物质组成的不同，反映在营养元素的组成上迥异，沙土养分贫乏，壤、黏土则丰富，且养分种类较多。

2. 湖积母质

本区东、南部低洼易涝地区，较广泛的分布着湖积母质。据省地质所、河南师大有关研究资料，我们暂认定为属第四纪上更新统的灰黑、灰和灰黄色来黏土互层呈厚层状水平分布的新蔡组湖相沉积物。是地表流水进入湖泊时的携带物长期堆积而成。质地较细，可见到潜育灰黏层和锈纹、铁子、胶膜等新生体存在，有机质含量较高，颜色较暗。愈近湖底，质地愈细，沉积层愈厚。

3. 冲积湖积母质

主要分布于本区东、南部冲积和湖积母质的中间地带。第四纪上更新统新蔡组湖积物上，覆盖着厚30～70cm的全新统河流冲积物，构成冲积、湖积二元母质类型。此类型又大致以汾泉河为界，以北覆盖层为黄泛和沙颍河冲积物，具有不同程度的石灰反应；以南属洪、沙河冲积物，极弱或无石灰反应。

4. 冲积洪积母质

本区西北部平岗地分布的冲积洪积母质，根据有关资料，暂认定为属第四纪上更新世或全新世早期冲积洪积物，石灰含量较高；本区南部平岗地分布的冲积洪积母质，属第四纪全新统洪河冲积洪积物，石灰含量较低。共同的特点是：质地以粉沙粒为主，有一定程度的发育层次。

第三节　农业基础设施

一、农业机械

全市现有农业机械总动力990万kW，其中，柴油发动机动力950万kW，汽油发动机动力20万kW，电机动机动力20万kW。

拖拉机及套机械：拖拉机108 500台，650万kW，其中，大中型拖拉机35 000台，动力1 048 000kW；小型拖拉机305 000台，动力5 476 490kW；机引犁474 000台，机引耙246 000台；机引播种机135 000台。联合收割机25 000台，旋耕机15 000台，机动喷雾机15 000台，农用运输车辆350 200辆。

二、农田水利

水资源贮量。全市地表水加地下水资源量共29.87亿 m^3，扣除重复量3.78亿 m^3，全市水资源总量为26.09亿 m^3，人均260 m^3，亩均230 m^3，低于周边地区和全省水平。

水资源利用现状。

（一）拦河闸蓄水量

（1）拦河闸工程。全市建拦河闸62座，设计蓄水量2.95亿 m^3。实际利用57座，蓄水2.24亿 m^3 工程效率占77%以上。

（2）提水工程。全市建机电灌站203处，设计提水能力60 m^3/s，装机容量9 045kw，灌溉面积39万亩。

（3）机电井工程。全市现有农用机电井81 161眼，配套50 744眼；一般农用井118 103眼，配套22 797眼。

周口市农业生产，干旱是主要障碍因素，但是，也常有洪涝灾害发生。有时先旱后涝，涝后又旱，旱涝交替；每年的7～9月是雨季，发生涝灾年份主要集中在这3个月，春秋两季有时也有雨涝发生。据40年的统计资料，共发生春涝两次，占5%；夏涝10次，占

25%；秋涝 7 次，占 15%。

（二）农业水利设施与机械

20 世纪 60 年代前后，周口市有计划地开展了大规模的农田水利基本建设，平整土地，修建畦田，整修改造扩建旧渠，规划开挖新渠，并使之逐步配套。近年来，周口市坚持"以人为本、人水和谐"的科学发展观，把农田水利基本建设作为促进农业增效、农民增收和农村发展的大事来抓，坚持兴利除害、抗旱除涝两手抓，初步形成了防洪、除涝、灌溉相结合的水利工程体系。周口市现有各类农用井 81 161 眼，共拥有农用排灌机械 22 797 台，基本满足全市农业灌溉需要。

第四节　耕地保养管理的简要回顾

一、发展灌溉事业

周口市农业生产由于受气候干旱条件的制约，自 1955 年就开始重视农田灌溉事业的发展。从土井、旱井到砖圈井，从辘轳、水车的简单担水灌溉，到 20 世纪 70 年代初的机井、农机、水泵配套，进行了一次大的飞跃。从 80 年代末开始，由于地下水位下降，开始加强农用电建设和潜水泵逐步配套，到目前已发展成为保灌型灌溉农业。随着灌溉农业的发展需要，土地逐步得到平整，建成了以畦灌、喷灌形式为主的节水灌溉型旱涝保收的基本农田灌溉网。

二、耕作制度改革

自 1958 年大跃进时期，就开始了深翻土地的耕作制度的变革，耕作犁具也由原来的老式犁、人工翻，推广普及为新式步犁，促使耕作层逐步加深。90 年代又开始普及了机械耕作，使传统的农艺措施得以发展提高。

三、培肥地力、平衡土壤养分

1984 年，开始对全市范围进行了第二次土壤普查，查清了周口市土壤类型及其分布状况。同时，分析了各类土壤的理化性状，找出了制约农业生产发展的障碍因素：土壤有机质含量偏低，土壤缺磷、缺微量元素，养分不平衡等。提出了增施有机肥，推广配方施肥等措施。自此以来，农田基本肥力得以明显提高，土壤养分逐步趋于平衡。更重要的是基本农田保护政策的长期扶持，大部分耕地得以改良培肥，很多中低产田经过培肥转化为高产稳产粮田，保证了周口市农业生产的稳步健康发展。

第四章 耕地地力评价方法与程序

第一节 耕地地力评价基本原理与原则

一、基本原理

根据农业部《测土配方施肥技术规范》和《耕地地力评价指南》确定的评价方法，耕地地力是指耕地自然属性要素（包括一些人类生产活动形成和受人类生产活动影响大的因素，如灌溉保证率、排涝能力、轮作制度、梯田化类型与年限等）相互作用所表现出来的潜在生产能力。本次耕地地力评价是以周口市区域范围为对象，以土壤要素为主的潜力评价，采用耕地自然要素评价指数反映耕地潜在生产能力的高低。其关系式为：

$$IFI = b_1 x_1 + b_2 x_2 + \cdots\cdots + b_n x_n$$

IFI = 耕地地力指数。

b_i = 耕地自然属性分值，选取的参评因素。

x_i = 该属性对耕地地力的贡献率（也即权重，用层次分析法求得）。

用评价单元数与耕地地力综合指数制作累积频率曲线图，根据单元综合指数的分布频率，采用耕地地力指数累积曲线法划分耕地地力等级，在频率曲线图的突变处划分级别（图4-1）。根据IFI的大小，了解耕地地力的高低；根据IFI的组成，通过分析揭示出影响耕地地力的障碍因素及其影响程度。

二、耕地地力评价基本原则

本次耕地地力评价所采用的耕地地力概念是指耕地的基础地力，也即由耕地土壤的所处的地形、地貌条件、成土母质特征、农田基础设施及培肥水平、土壤理化性状等综合构成的耕地生产力。此类评价揭示是处于扶沟县县域范围内、扶沟县当地气候条件下，立地条件、剖面性状、土壤理化性状、障碍因素与土壤管理等因素组合下的耕地综合特征和生物生产力的高低，也即潜在生产力。通过深入分析，找出影响扶沟县耕地地力的主导因素，为扶沟县耕地改良和管理利用提供依据。基于此，耕地地力评价所遵循的基本原则如下。

（一）综合因素与主导因素相结合的原则

耕地是一个自然经济综合体，耕地地力也是各类要素的综合体现。本次耕地地力评价所采用的耕地地力概念是指耕地的基础地力，也即由耕地土壤的所处的地形、地貌条件、成土母质特征、农田基础设施及培肥水平、土壤理化性状等综合构成的耕地生产力。所谓综合因素研究，是指对前述耕地立地条件、剖面性状、耕层理化性质、障碍因素和土壤管理水平5

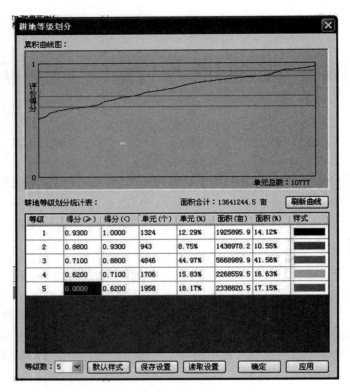

图 4-1　耕地地力等级划分

个方面的因素进行全面的研究、分析与评价，以全面了解耕地地力状况。所谓主导因素，是指在特定的县域范围内对耕地地力起决定作用的因素，在评价中要着重对其进行研究分析。因此，把综合因素与主导因素结合起来进行评价，既着眼于全县域范围内的所有耕地类型，也关注对耕地地力影响大的关键指标。以期达到评价结果反映出县域内耕地地力的全貌，也能分析特殊耕地地力等级和特定区域内耕地地力的主导因素，可为全县域耕地资源的利用提供决策依据，又可为低等级耕地的改良提供攻方向。

（二）稳定性原则

评价结果在一定的时期内应具有一定的稳定性，能为一定时期内的耕地资源配置和改良提供依据。因此，在指标的选取上必须考虑评价指标的稳定性。

（三）一致性与共性原则

考虑区域内耕地地力评价结果的可比性，不针对某一特定的利用类型，对于县域内全部耕地利用类型，选用统一的共同的评价指标体系。

同时，鉴于耕地地力评价是对全年的生物生产潜力进行评价，因此，评价指标的选择需是考虑全年的各季作物的；同时，对某些因素的影响要进行整体和全局的考虑，如灌溉保证率和排涝能力，必须考虑其发挥作用的频率。

（四）定量和定性相结合的原则

影响耕地地力的土壤自然属性和人为因素（如灌溉保证率、排涝能力等）中，既有数值型的指标，也有概念型的指标。两类指标都根据其对全县域内的耕地地力影响程度决定取舍。对数据标准化时采用相应的方法。原因是可以全面分析耕地地力的主导因素，为合理利用耕地资源提供决策依据。

（五）潜在生产力与实现生产力相结合的原则

耕地地力评价是通过多因素分析方法，对耕地潜力生产能力的评价，区别于实现的生产力。但是，同一等级耕地内的较高现实生产能力，作为选择指标和衡量评价结果是否准确的参考依据。

（六）采用 GIS 支持的自动化评价方法原则

自动化、定量化的评价技术方法是评价发展的方向。近年来，随着计算机技术，特别是 GIS 技术在资源评价中的不断应用和发展，基于 GIS 的自动化评价方法已不断成熟，使土地评价的精度和效率大大提高。本次的耕地地力评价工作通过数据库建立、评价模型构建及其与 GIS 空间叠加等分析模型的结合，实现了全数字化、自动化的评价流程。

第二节　耕地地力评价技术流程

结合测土配方施肥项目，开展区域耕地地力评价的主要技术流程有 5 个环节。

一、建立县域耕地资源基础数据库

利用 3S 技术，收集整理所有相关历史数据和测土配方施肥数据（从农业部统一开发的"测土配方施肥数据管理系统"中获取），采用与数据类型相适应的、且符合"县域耕地资源管理信息系统"及数据字典要求的技术手段和方法，建立以市为单位的耕地资源基础数据库，包括属性数据库和空间数据库两类。

二、建立耕地地力评价指标体系

所谓耕地地力评价指标体系，包括 3 部分内容。一是评价指标，即从国家耕地地力评价选取的用于扶沟县的评价指标；二是评价指标的权重和组合权重；三是单指标的隶属度，即每一指标不同表现状态下的分值。单指标权重的确定采用层次分析法，概念型指标采用特尔斐法和模糊评价法建立隶属函数，数值型的指标采用特尔斐法和非线性回归法，建立隶属函数。

三、确定评价单元

所谓耕地地力评价单元，就是指潜在生产能力近似且边界封闭具有一定空间范围的耕地。根据耕地地力评价技术规范的要求，此次耕地地力评价单元采用扶沟县土壤图（到土种级）和土地利用现状图叠加，进行综合取舍和技术处理后形成不同的单元。

用土壤图（土种）和土地利用现状图（含有行政界限）叠加产生的图斑作为耕地地力评价的基本单元，使评价单元空间界线及行政隶属关系明确，单元的位置容易实地确定，同时，同一单元的地貌类型及土壤类型一致，利用方式及耕作方法基本相同。可以使评价结果应用于农业布局等农业决策，还可用于指导生产实践，也为测土配方施肥技术的深入普及奠定良好基础。

四、建立县域耕地资源管理信息系统

将第一步建立的各类属性数据和空间数据按照农业部统一提供的"区域耕地资源管理信息系统4.0版"的要求，导入该系统内，并建立空间数据库和属性数据库连接，建成周口市耕地资源信息管理系统。依据第二步建立的指标体系，在"区域耕地资源管理信息系统4.0版"内，分别建立层次分析权属模型和单因素隶属函数，建成的区域耕地资源管理信息系统，作为耕地地力评价的软件平台。

五、评价指标数据标准化与评价单元赋值

根据空间位置关系将单因素图中的评价指标，提取并赋值给评价单元。

六、综合评价

采用隶属函数法对所有评价指标数据进行隶属度计算，利用权重加权求和，计算出每一单元的耕地地力指数，采用耕地地力指数累积曲线法划分耕地地力等级，并纳入到国家耕地地力等级体系中。

七、撰写耕地地力评价报告

在行政区域和耕地地力等级两类中，分析耕地地力等级与评价指标的关系，找出影响耕地地力等级的主导因素和提高耕地地力的主攻方向，进而提出耕地资源利用的措施和建议（图4-2）。

第三节 资料收集与整理

一、耕地土壤属性资料

采用全国第二次土壤普查时的土壤分类系统，但根据河南省土壤肥料站的统一要求，与全省土壤分类系统进行了对接。本次评价采用全省统一的土种名称。各土种的发生性状与剖面特征、立地条件、耕层理化性状（不含养分指标）、障碍因素等性状均采用土壤普查时所获得的资料。对一些已发生了变化的指标，采用测土配方施肥项目野外采样的调查资料进行补充修订，如耕层厚度、田面坡度等。基本资料来源于土壤图和土壤普查报告。

二、耕地土壤养分含量

评价所用的耕地耕层土壤养分含量数据，均来源于测土配方施肥项目的分析化验数据。分析方法和质量控制依据《测土配方施肥技术规范》进行。

根据《测土配方施肥技术规程（试行）修订稿》测试分析项目的要求，结合扶沟县实际情况，本次耕地地力调查与质量评价要求，分析项目土壤理化性状11项。分析化验方法，见表4-1。

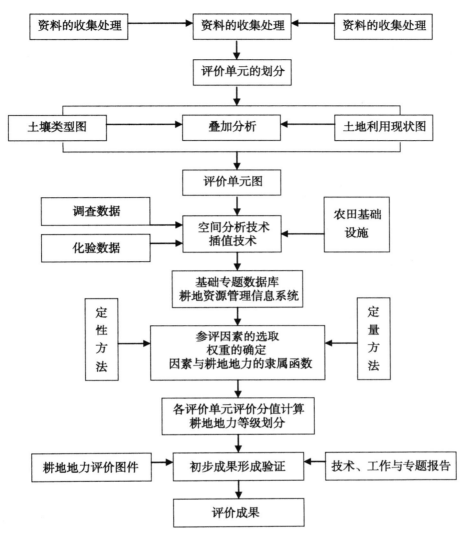

图 4 - 2 耕地地力评价技术路线

表 4 - 1 分析化验项目与方法

分析项目	测定方法
土壤质地	国际制、手摸测定
pH 值	电位法
土壤有机质	油浴法加热重铬酸钾容量法
土壤有效磷	碳酸氢钠提取——钼锑抗比色法
土壤速效钾	乙酸铵提取——火焰光度法
土壤全氮	凯氏蒸馏法
缓效钾	硝酸提取——火焰光度法
有效性铜、锌、铁、锰	DTPA 浸提——原子吸收分光光度法

三、农田水利设施

由水利局提供灌溉分区图和排涝分区图，同时，收集周口市水利志，为报告编写提供依据。

四、社会经济统计资料

主要包括人口、土地面积、作物面积和单产以及各类投入产出等社会经济指标数据。市区域行政区为最新行政区划。统计资料主要为 2001—2011 年的市统计年鉴。

五、基础及专题图件资料

1∶50 000 万比例尺地形图、行政区划图、土地利用现状图、土壤图等基础图件，种植制度分区图、地貌类型分区图等专题图件。

六、野外调查资料

对农户施肥情况调查表、采样点调查表等进行了归纳整理，修订了已发生变化的地貌、地形等相关属性，建立了相关数据库。

七、其他相关资料

与评价有关的其他材料，包括周口农业志、行政代码表、水利志、农业区划、近 5 年的统计年鉴等。

第四节　图件数字化与建库

耕地地力评价，是基于大量的与耕地地力有关的耕地土壤自然属性和耕地空间位置信息，如立地条件、剖面性状、耕层理化性状、土壤障碍因素以及耕地土壤管理方面的信息。调查的资料可分为空间数据的属性数据，空间数据主要指项目县的各种基础图件以及调查样点的 GPS 定位数据；属性数据主要指与评价有关的属性表格和文本资料。为了采用信息化的手段进行评价和评价结果管理，首先需要开展数字化工作。根据《测土配方施肥技术规范》、县域耕地资源管理信息系统（4.0 版）要求，根据对土壤、土地利用现状等图件进行数字化，并建立空间数据库。

一、图件数字化

空间数据的数字化工作比较复杂，目前，常用的数字化方法包括 3 种：一是采用数字化仪数字化；二是光栅矢量化；三是数据转换法。本次评价中采用了后两种方法。

光栅矢量化法：是在以已有的地图或遥感影像为基础，利用扫描仪将其转换为光栅图，在 GIS 软件支持下对光栅图进行配准，然后以配准后的光栅图为参考进行屏幕光栅矢量化，最终得到矢量化地图。光栅矢量化法的步骤，见图 4 - 3。

数据转换法：是利用已有的数字化数据，利用软件转换工具，转换为本次工作要求的

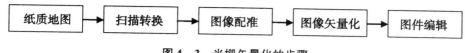

图 4 - 3　光栅矢量化的步骤

*.shp 格式。采用该方法是针对目前国土资源管理部门的土地利用图，都已数字化建库。扶沟县采用的是 Mapgis 的数据格式，利用 Mapgis 的文件转换功能很容易将 *.wp/ *.wl/ *.wt 的数据转换为 *.shp 格式。此外，ArcGIS 和 Mapinfo 等 GIS 系统，也都提供有通用数据格式转换等功能。

　　属性数据的输入是数据库或电子表格来完成的。与空间数据相关的属性数据需要建立与空间数据对应的连接关键字，通过数据连接的方法，连接到空间数据中，最终得到满足评价要求的空间—属性一体化数据库。技术方法，如图 4 - 4 所示。

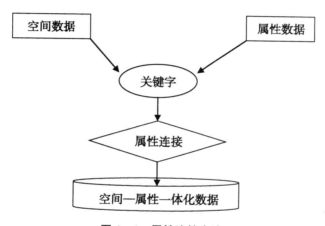

图 4 -4　属性连接方法

二、图形坐标变换

　　在地图录入完毕后，经常需要进行投影变换，得到统一空间参照系下的地图。本次工作中收集到的土地利用现状图采用的是高斯 3 度带投影，需要变换为高斯 6 度带投影。进行投影变换有两种方式，一种是利用多项式拟合，类似于图像几何纠正；另一种是直接应用投影变换公式进行变换。基本原理：

$$X' = f(x, y)$$
$$Y' = g(x, y)$$

式中：X'，Y' 为目标坐标系下的坐标；x，y 为当前坐标系下的坐标。

本次评价中的数据，采用统一空间定位框架，参数如下。

投影方式：高斯 - 克吕格投影，6 度带分带，对于跨带的县进行跨带处理。

坐标系及椭球参数：北京 54/克拉索夫斯基。

高程系统：1956 年黄海高程基准。

野外调查 GPS 定位数据：初始数据采用经纬度并在调查表格中记载；装入 GIS 系统与图件匹配时，再投影转换为上述直角坐标系坐标。

三、数据质量控制

根据《耕地地力评价指南》的要求，对空间数据和属性数据进行质量控制。属性数据按照指南的要求，规范各数据项的命名、格式、类型、约束等。

空间数据达到最小上图面积 0.04cm² 的要求，并规范图幅内外的图面要素。扫描影像数据水平线角度误差不超过 0.2℃，校正控制点不少于 20 个，校正绝对误差不超过 0.2mm，矢量化的线划偏离光栅中心不超 0.2mm。耕地和园地面积，以国土部门的土地详查面积为控制面积。

第五节　土壤养分空间插值与分区统计

本次评价工作需要制作养分图和养分等值线图，采用空间插值法将采样点的分析化验数据进行插值，生成全域的各类养分图和养分等值线图。

一、空间插值法简介

研究土壤性质的空间变异时，观察点和取样点总是有限的，因而对未测点的估计是完全必要的。大量研究表明，在统计学方法中半方差图和 Kriging 插值法适合于土壤特性空间预测，并得到了广泛应用。

克里格插值法（Kriging）也称空间局部估计或空间局部插值，它是建立在半变异函数理论及结构分析基础上，在有限区域内对区域化变量的取值，进行无偏最优估计的一种方法。克里格法实质上利用区域化变量的原始数据和半变异函数的结构特点，对未采样点的区域化变量的取值进行线性无偏最优估计量的一种方法。更具体地讲，它是根据待估样点有限领域内若干已测定的样点数据，在认真考虑了样点的形状、大小和空间相互位置关系，它们与待估样点间相互空间位置关系以及半变异函数提供的结构信息之后，对该待估样点值进行的一种线性无偏最优估计。研究方法的核心是半方差函数，公式为：

$$\bar{\gamma}(h) = \frac{1}{2N(h)} \sum_{\alpha=1}^{N(h)} [z(u_\alpha) - z(u_a + h)]^2$$

式中：h 为样本间距，又称位差（Lag）；N（h）为间距为 h 的"样本对"数。

设位于 X_0 处的速效养分估计值为 $\hat{Z}(x_0)$，它是周围若干样点实测值 Z（x_i），（i = 1，2……n）的线性组合，即：

$$\hat{Z}(x_0) = \sum_{i=1}^{n} \lambda_i z(x_i)$$

式中：$\hat{Z}(x_0)$ 为 X_0 处的养分估计值；λ_i 为第 i 个样点的权重；$z(x_i)$ – 为第 i 个样点值。要确定 λ_i 有两个约束条件：

$$\begin{cases} \min(Z(x_0) - \sum_{i=1}^{n} \lambda_i Z(x_i))^2 \\ \sum_{i=1}^{n} \lambda_i = 1 \end{cases}$$

满足以上两个条件可得如下方程组:

$$\begin{bmatrix} \gamma_{11} & \cdots & \gamma_{1n} & 1 \\ \vdots & \ddots & \vdots & \vdots \\ \gamma_{n1} & \cdots & \gamma_{nn} & 1 \\ 1 & \cdots & 1 & 0 \end{bmatrix} \bullet \begin{bmatrix} \lambda_1 \\ \vdots \\ \lambda_1 \\ m \end{bmatrix} = \begin{bmatrix} \gamma_{01} \\ \vdots \\ \gamma_{0n} \\ 1 \end{bmatrix}$$

式中: γ_{ij}^- 表示 x_i 和 x_j 之间的半方差函数值; m^- 拉格朗日值。

解上述方程组即可得到所有的权重 λ_i 和拉格朗日值 m。利用计算所得到的权重即可求得估计值 $Z(x_0)$。

克里格插值法要求数据服从正态分布,非正态分布会使变异函数产生比例效应,比例效应的存在会使试验变异函数产生畸变,抬高基台值和块金值,增大估计误差,变异函数点的波动大,甚至会掩盖其固有的结构,因此,应该消除比例效应。此外,克里格插值结果的精度,还依赖于采样点的空间相关程度,当空间相关性很弱时,意味着这种方法不适用。因此,当样点数据不服从正态分布或样点数据的空间相关性很弱时,我们采用反距离插值法。

反距离法是假设待估未知值点受较近已知点的影响,比较远已知点的影响更大,其通用方程是:

$$Z_0 = \frac{\sum_{i=1}^{s} Z_i \frac{1}{d_i^k}}{\sum_{i=1}^{s} \frac{1}{d_i^k}}$$

式中: Z_0 是待估点 O 的估计值; Z_i 是已知点 i 的值; d_i 是已知点 i 与点 O 间的距离; s 是在估算中用到的控制点数目; k 是指定的幂。

该通用方程的含义是已知点对未知点的影响程度,用点之间距离乘方的倒数表示,当乘方为 1(K=1)时,意味着点之间数值变化率恒定,该方法称为线性插值法,乘方为 2 或更高则意味着越靠近的已知点,该数值的变化率越大,远离已知点则趋于稳定。

在本次耕地地力评价中,还用到了"以点代面"估值方法,对于外业调查数据的应用不可避免地要采用"以点代面"法。在耕地资源管理图层提取属性过程中,计算落入评价单元内采样点某养分的平均值,没有采样点的单元,直接取邻近的单元值。

GIS 分析方法中的泰森多边形法是一种常用的"以点代面"估值方法。这是方法是按狄洛尼(Delounay)三角网的构造法,将各监测点 Pi 分别与周围多个监测点相连得到三角网,然后分别作三角网边线的垂直平分线,这些垂直平分线相交则形成以监测点 P 为中心的泰森多边形。每个泰森多边形内监测点数据即为该泰森多边形区域的估计值,泰森多边形内每处的值相同,等于该泰森多边形区域的估计值。

二、空间插值

本次空间插值采用 Arcgis9.2 中的 Geostatistical Analyst 功能模块完成。

测土配方施肥项目测试分析了全氮、速效磷、缓效钾、速效钾、有机质、pH 铜、铁、锰、锌等项目。这些分析数据根据外业调查数据的经纬度坐标生成样点图，然后将以经纬度坐标表示的地理坐标系投影变换为以高斯坐标表示的投影平面直角坐标系，得到的样点图中有部分数据的坐标记录有误，样点落在了县界之外，对此加以修改和删除。

第一，对数据的分布进行探查，剔除异常数据，观察样点分析数据的分布特征，检验数据是否符合正态分布和取自然对数后是否符合正态分布。以此选择空间插值方法。

第二，是根据选择的空间插值方法进行插值运算，插值方法中参数选择以误差最小为准则进行选取。

第三，是生成格网数据，为保证插值结果的精度和可操作性，将结果采用 20m×20m 的 GRID—格网数据格式。

三、养分分区统计

养分插值结果是格网数据格式，地力评价单元是图斑，需要统计落在每一评价单元内的网格平均值，并赋值给评价单元。

工作中利用 ArcGIS9.2 系统的分区统计功能（Zonal statistics）进行分区统计，将统计结果按照属性连接的方法赋值给评价单元。

第六节　耕地地力评价与成果图编辑输出

一、建立县域耕地资源管理工作空间

首先建立周口市区域耕地资源管理工作空间，然后导入已建立好的各种图件和表格。详见耕地资源管理信息系统章节。

二、建立评价模型

在区域耕地资源管理系统的支持下，将建立的指标体系输入到系统中，分别建立评价指标的权重模型和隶属函数评模型。

三、县域耕地地力等级划分

根据耕地资源管理单元图中的指标值和耕地地力评价模型，通过对各评价单元地力综合指数的自动计算，采用累积曲线分级法划分县域耕地地力等级。

四、归入全国耕地地力体系

对区域各级别的耕地粮食产量进行专项调查，每个级别调查 20 个以上评价单元近 3 年的平均粮食产量，再根据该级土地稳定的立地条件（如质地、耕层厚度等）状况，进行潜力修正后，作为该级别耕地的粮食产量，将此产量数据加上一定的增产比例作为该级耕地的生产潜力。以生产潜力与《全国耕地类型区、耕地地力等级划分》（NY/T 309—1996）进行对照，将市级耕地地力评价等级归入国家耕地地力等级。

五、图件的编制

为了提高制图的效率和准确性，在地理信息系统软件 ARCGIS 的支持下，进行耕地地力评价图及相关图件的自动编绘处理。周口市的行政区划、河流水系、大型交通干道等作为基础信息，然后叠加上各类专题信息，得到各类专题图件。专题地图的地理要素内容是专题图的重要组成部分，用于反映专题内容的地理分布，并作为图幅叠加处理等的分析依据。地理要素的选择应与专题内容相协调，考虑图面的负载量和清晰度，应选择基本的、主要的地理要素。

对于有机质含量、速效钾、有效磷、有效锌等其他专题要素地图，按照各要素的分级分别赋予相应的颜色，同时，标注相应的代号，生成专题图层。之后与地理要素图复合，编辑处理生成专题图件，并进行图幅的整饰处理。

耕地地力评价图以耕地地力评价单元为基础，根据各单元的耕地地力评价等级结果，对相同等级的相临评价单元进行归并处理，得到各耕地地力等级图斑。在此基础上，用颜色表示不同耕地地力等级。

图外要素绘制了图名、图例、坐标系高程系说明、成图比例尺、制图单位全称、制图时间等。

六、图件输出

图件输出采用两种方式，一是打印输出，按照 1∶50 000 的比例尺，在大型绘图仪的支持下打印输出。二是电子输出，按照 1∶50 000 的比例尺，300dpi 的分辨率，生成 ∗.jpg光栅图，以方便图件的使用。

第七节　耕地资源管理系统的建立

一、系统平台

耕地资源管理系统软件平台，采用农业部种植业管理司、全国农业技术推广服务中心和扬州土肥站联合开发的"县域耕地资源管理信息系统 4.0"，该系统以县级行政区域内耕地资源为管理对象，以土地利用现状与土壤类型的结合为管理单元，通过对辖区内耕地资源信息采集、管理、分析和评价，是本次耕地地力评价的系统平台。增加相应技术模型后，不仅能够开展作物适宜性评价、品种适宜性评价，也能够为农民、农业技术人员以及农业决策者合理安排作物布局、科学施肥、节水灌溉等农事措施，提供耕地资源信息服务和决策支持。系统界面，见图 4 – 5。

二、系统功能

"县域耕地资源管理信息系统 4"具有耕地地力评价和施肥决策支持等功能，主要功能包括如下几方面。

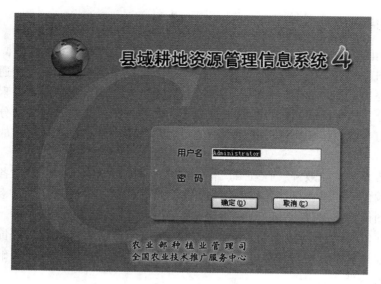

图 4 - 5　系统界面

（一）耕地资源数据库建设与管理

系统以 Mapobjects 组件为基础开发完成，支持 *.shp 的数据格式，可以采用单机的文件管理方式，也可以通过 SDE 访问网络空间数据库。系统提供数据导入、导出功能，可以将 Arcview 或 ArcGIS 系统采集的空间数据导入本系统，也可将 *.DBF 或 *.MDB 的属性表格导入到系统中，系统内嵌了规范化的数据字典，外部数据导入系统时，可以自动转换为规范化的文件名和属性数据结构，有利于全国耕地地力评价数据的标准化管理。管理系统也能方便地将空间数据导出为 *.shp 数据，属性数据导出为 *.xls 和 *.mdb 数据，以方便其他相关应用。

系统内部对数据的组织分工作空间、图集、图层 3 个层次，一个项目县的所有数据、系统设置、模型及模型参数等共同构成项目县的工作空间。一个工作空间可以划分为多个图集，图集针对是某一专题应用，例如，耕地地力评价图集、土壤有质机含量分布图集、配方施肥图集等。组成图集的基本单位是图层，对应的是 *.shp 文件，例如，土壤图、土地利用现状图、耕地资源管理单元图等，都是指的图层。

（二）GIS 系统的一般功能

系统具备了 GIS 的一般功能，例如，地图的显示、缩放、漫游、专题化显示、图层管理、缓冲区分析、叠加分析、属性提取等功能，通过空间操作与分析，可以快速获得感兴趣区域信息。更实用的功能是属性提取和以点代面等功能，本次评价中属性提取功能可将专题图的专题信息，例如，灌溉保证率等，快速的提取出来赋值给评价单元。

（三）模型库的建立与管理

专业应用与决策支持离不开专业模型，系统具有建立层次分析权重模型、隶属函数单因素评价模型、评价指标综合计算模型、配方施肥模型、施肥运筹模型等系统模型的功能。在本次地力评价过程中，利用系统的层次分析功能，辅助本县快速地完成了指标权重的计算。权重模型和隶属函数评价模型建立后，可快速地完成耕地潜力评价，通过对模型参数的调整，实现了评价结果的快速修正。

（四）专业应用与决策支持

在专业模型的支持下，可实现对耕地生产潜力的评价、某一作物的生产适宜性评价等评价工作，也可实现单一营养元素的丰缺评价。根据土壤养分测试值，进行施肥计算，并可提供施肥运筹方案。

三、数据库的建立

（一）属性数据库的建立

1. 属性数据的内容

根据本市耕地质量评价的需要，确立了属性数据库的内容，其内容及来源，见表4－2。

表4－2　属性数据库内容及来源

编号	内容名称	来源
1	县、乡、村行政编码表	统计局
2	土壤分类系统表	土壤普查资料，省土种对接资料
7	土壤样品分析化验结果数据表	野外调查采样分析
8	农业生产情况调查点数据表	野外调查采样分析
9	土地利用现状地块数据表	系统生成
10	耕地资源管理单元属性数据表	系统生成
	耕地地力评价结果数据表	系统生成

2. 数据录入与审核

数据录入前应仔细审核，数值型资料注意量纲上下限，地名应注意汉字多音字、繁简字、简全称等问题。录入后还应仔细检查，保证数据录入无误后，将数据库转为规定的格式（DBF格式文件），通过系统的外部数据表维护功能，导入到耕地资源管理系统中。

（二）空间数据库的建立

土壤图、土地利用现状图、调查样点分布图是耕地地力调查与质量评价最为重要的基础空间数据。分别通过以下方法采集：将土壤图和土地利用现状图扫描成栅格文件后，借助利用MapGIS软件进行手动跟踪矢量化形成土壤图数字化图层，图件扫描采用300dpi分辨率，以黑白TIFF格式保存。之后转入到ArcGIS中进行数据的进一步处理。在ArcGIS中将土地利用现状图分为农用地地块图（包括耕地和园地）和非农用地地块图，将农用地地块图与土壤图叠加得到耕地资源管理单元图。利用外业调查中采用GPS定位获取的调查样点经、纬度资料，借助ArcGIS软件将经纬度坐标投影转换为北京54直角坐标系坐标，建立本市耕地地力调查样点空间数据库。对土壤养分等数值型数据，根据GPS定位数据在ArcGIS软件支持下生成点位图，利用ArcGIS的地统计功能进行空间插值分析，产生各养分分布图和养分分布等值线。养分分布图采用格网数据格式，利用分区统计功能，将结果赋值给耕地资源管理单元图中的图斑。其他专题图，例如，灌溉保证率分区图等，采用类似的方法进行矢量采集（表4－3）。

表 4-3 空间数据库内容及资料来源

序号	图层名	图层属性	资料来源
1	行政区划图	多边形	土地利用现状图
2	面状水系图	多边形	土地利用现状图
3	线状水系图	线层	土地利用现状图
4	道路图	线层	土地利用现状图 + 交通图修正
5	土地利用现状图	多边形	土地利用现状图
6	农用地地块图	多边形	土地利用现状图
7	非农用地地块图	多边形	土地利用现状图
8	土壤图	多边形	土壤图
9	系列养分等值线图	线层	插值分析结果
10	耕地资源管理单元图	多边形	土壤图与农用地地块图
11	土壤肥力普查农化样点点位图	点层	外业调查
12	耕地地力调查点点位图	点层	室内分析
13	评价因子单因子图	多边形	相关部门收集

四、评价模型的建立

将本市建立的耕地地力评价指标体系，按照系统的要求输入到系统中，分别建立耕地地力评价权重模型和单因素评价的隶属函数模型。之后就可利用建立的评价模型对耕地资源管理单图进行自动评价，如图 4-6 所示。

五、系统应用

（一）耕地生产潜力评价

根据前文建立的层次分析模型和隶属函数模型，采用加权综合指标法计算各评价单元综合分值，然后根据累积频率曲线图进行分级。

（二）制作专题图

依据系统提供的专题图制作工具，制作耕地地力评价图、有机质含量分布图等图件。

（三）养分丰缺评价

依据测土配方施肥工作中建立的养分丰缺指标，对耕地资源管理单元图中的养分，进行丰缺评价。

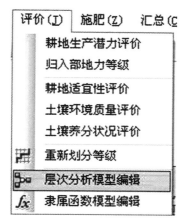

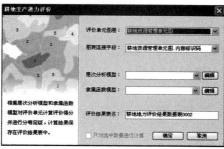

图4-6 评价模型建立与耕地地力评价

第八节　耕地地力评价工作软、硬件环境

一、硬件环境

1. 配置高性能计算机

CPU：奔腾 IV3.0Ghz 及同档次的 CPU。

内存：1GB 以上。

显示卡：ATI9000 及以上档次的示卡。

硬盘：80G 以上。

输入输出设备：光驱、键盘、鼠标和显示器等。

2. GIS 专用输入与输出设备

大型扫描仪：A0 幅面的 CONTEX 扫描仪。

大型打印机：A0 幅面的 HP800 打印机。

3. 网络设备

包括：路由器、交换机、网卡和网线。

二、系统软件环境

（1）通过办公软件：Office2003。

（2）数据库管理软件：Access2003。

（3）数据分析软件：SPSS13.0。

（4）GIS 平台软件：ArcGIS9.2、Mapgis6.5。

（5）耕地资源管理信息系统软件：农业部种植业管理司和全国农业技术推广服务中心开发的县域耕地资源管理信息系统 3.0 系统。

第五章 耕地地力评价指标体系

第一节 耕地地力评价指标体系内容

合理正确地确定耕地地力评价指标体系，是科学地评价耕地地力的前提，直接关系到评价结果的正确性、科学性和社会可接受性。综合《测土配方施肥技术规范》《耕地地力评价指南》和"市域耕地资源管理信息系统4.0"的技术规定与要求，我们将选取评价指标、确定各指标权重和确定各评价指标的隶属度3项内容，归纳为建立耕地地力评价指标体系。

周口市耕地地力指标体系是在河南省土壤肥料站和郑州大学的指导下，结合周口市的耕地特点，通过专家组的充分论证和商讨，逐步建立起来的。第一，根据一定原则，结合周口市农业生产实际、农业生产自然条件和耕地土壤特征从全国耕地地力评价因子集中选取，建立市域耕地地力评价指标集。第二，利用层次分析法，建立评价指标与耕地潜在生产能力间的层次分析模型，计算单指标对耕地地力的权重。第三，采用特尔斐法组织专家，使用模糊评价法建立各指标的隶属度。

第二节 耕地地力评价指标选择原则

一、重要性原则

影响耕地地力的因素、因子很多，农业部测土配方施肥技术规范中列举了六大类65个指标。这些指标是针对全国范围的，具体到一个市的行政区域，必须在其中挑选对本地耕地地力影响最为显著的因子，而不能全部选。周口市选取的指标只有质地、质地构型、灌溉保证率、排涝能力、有机质、速效钾、有效磷等7个因子。周口市地形上是冲积、洪积平缓平原与冲积扇平原、冲积湖平原东西过渡地区，所以，形成的地带性土壤，也具有的过渡性。本市地带性土壤是褐土，大面积的是非地带性土壤即潮土和砂姜黑土。剖面中各发生层次的排列组合就是剖面构型，剖面构型对砂姜黑土类土壤的农业生产性状影响很大；不同层次的质地排列组合就是质地构型，这是一个对耕地地力有很大影响的指标，夹沙、沙身、沙底、均质中壤、均质重壤、均质轻壤、均质黏的生产性状差异很大，必须选为评价指标。

二、稳定性原则

选择的评价因子在时间序列上必须具有相对的稳定性。选择时间序上易变指标，则会造成评价结果在时间序列上的不稳定，指导性和实用性差，而耕地地力若没有较为剧烈的人为等局部因素的影响，在一定时期内是稳定的。

三、差异性原则

差异性原则分为空间差异性和指标因子的差异性。耕地地力评价的目的之一就是通过评价找出影响耕地地力的主导因素，指导耕地资源的优化配置。评价指标在空间和属性没有差异，就不能反映耕地地力的差异。因此，在县级行政区域内，没有空间差异的指标和属性没有差异的指标，不能选为评价指标。如，≥0℃积温、≥10℃积温、降水量、日照指数、光能辐射总量、无霜期都对耕地地力有很大的影响，但在县域范围内，其差异很小或基本无差异，不能选为评价指标。但是，灌溉保证率是反映水浇地抗旱能力的重要指标，周口市农田水利设施建设不完善，全市范围内农田灌溉条件差异大，所以，灌溉保证率被周口市选为评价指标。

四、易获取性原则

通过常规的方法即可以获取，如土壤养分含量、耕层厚度、灌排条件等。某些指标虽然对耕地生产能力有很大影响，但获取比较困难，或者获取的费用比较高，当前不具备条件。如土壤生物的种类和数量、土壤中某种酶的数量等生物性指标。

五、精简性原则

并不是选取的指标越多越好，选取的太多，工作量和费用都要增加，还不能揭示出影响耕地地力的主要因素。一般 7 ~ 15 个指标能够满足评价的需要。周口市选择的指标只有7 个。

六、全局性与整体性原则

所谓全局性，要考虑到全县所有的耕地类型，不能只关注面积大的耕地，只要在 1：50 000 比例尺的图上能形成图斑的耕地地块的特性，都需要考虑，而不能搞"少数服从多数"。

所谓整体性原则，是指在时间序列上，会对耕地地力产生较大影响的指标。

第三节　评价指标权重确定

一、评价指标权重确定原则

耕地地力受所选指标的影响程度并不一致，确定各因素的影响程度大小时，必须遵从全局性和整体性的原则，综合衡量各指标的影响程度，不能因一年一季的影响或对某一区域的影响剧烈或无影响而形成极端的权重。如灌溉保证率和排涝能力的权重。第一，考虑两个因素在全市的差异情况和这种差异造成的耕地生产能力差异大小，如果降水较丰且不易致涝，则权重应较低。第二，考虑其发生频率，发生频率较高，则权重应较高，频率低则应较低。

第三，排除特殊年份的影响，如极端干旱年份和丰水年份。

二、评价指标权重确定方法

（一）层次分析法

耕地地力为目标层（G 层），影响耕地地力的立地条件、物理性状、化学性状为准则层（C 层），再把影响准则层中各元素的项目作为指标层（A 层），其结构关系，如图 5 - 1 所示。

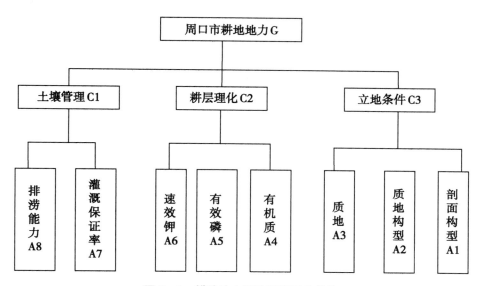

图 5 - 1 耕地地力影响因素层次结构

（二）构造判断矩阵

专家们评估的初步结果，经合适的数学处理后（包括实际计算的最终结果—组合权重）反馈给各位专家，请专家重新修改或确认，确定 C 层对 G 层以及 A 层对 C 层的相对重要程度，共构成 G、C1、C2、C3 共 3 个判断矩阵，详见表 5 - 1 ～表 5 - 4。

表 5 - 1 目标层判断矩阵

G	C1	C2	C3
耕层养分性状 C1	1	0.2	0.5
剖面性状 C2	5	1	3.003003
土壤管理 C3	2	0.333	1

表 5 - 2 立地条件判断矩阵

C1	A1	A2
质地构型	1	0.3333333
质地	3	1

表 5 - 3　耕层理化判断矩阵

C2	A4	A5	A6
有效磷	1	0. 3333333	0. 1428571
速效钾	3	1	0. 5
有机质	7	2	1

表 5 - 4　土壤管理判断矩阵

C3	A7	A8
灌溉保证率	1	0. 5
排涝能力	2	1

判别矩阵中标度的含义，见表 5 - 5。

表 5 - 5　判断矩阵标度及其含义

标度	含　义
1	表示两个因素相比，具有同样重要性
3	表示两个因素相比，一个因素比另一个因素稍微重要
5	表示两个因素相比，一个因素比另一个因素明显重要
7	表示两个因素相比，一个因素比另一个因素强烈重要
9	表示两个因素相比，一个因素比另一个因素极端重要
2、4、6、8	上述两相邻判断的中值
倒数	因素 i 与 j 比较得判断 bij，则因素 j 与 i 比较的判断 bji = 1/bij

（三）层次单排序及一致性检验

求取 A 层对 C 层的权数值，可归结为计算判断矩阵的最大特征根 λ_{max} 对应的特征向量 W。并用 CR = CI/RI 进行一致性检验。计算方法如下：

A. 将比较矩阵每一列正规化（以矩阵 C 为例）。

$$\hat{c}_{ij} = \frac{c_{ij}}{\sum_{i=1}^{n} c_{ij}}$$

B. 每一列经正规化后的比较矩阵按行相加。

$$\overline{W}_i = \sum_{j=1}^{n} \hat{c}_{ij}, j = 1,2,\cdots n$$

C. 向量正规化

$$W_i = \frac{\overline{W}_i}{\sum_{i-1}^{n} \overline{W}_i}, i = 1,2,\cdots n$$

所得到的 $W_i = [W_1, W_2\cdots W_n]^T$ 即为所求特征向量，也就是各个因素的权重值。

D. 计算比较矩阵最大特征根 λmax。

$$\lambda_{max} = \sum_{i=1}^{n} \frac{(CW)_i}{nW_i}, \quad i = 1, 2, \cdots n$$

式中，C 为原始判别矩阵；$(CW)_i$ 表示向量的第 i 个元素。

E. 一致性检验。

首先计算一致性指标 CI

$$CI = \frac{\lambda_{max} - n}{n - 1}$$

式中，n 为比较矩阵的阶，也即因素的个数。

根据表 5-6 中查找出随机一致性指标 RI，由下式计算一致性比率 CR。

$$CR = \frac{CI}{RI}$$

根据以上计算方法可得以下结果。

表 5-6　随机一致性指标 RI 值

N	1	2	3	4	5	6	7	8	9	10
RI	0	0	0.58	0.9	1.12	1.24	1.32	1.41	1.45	1.49

将所选指标根据其对耕地地力的影响方面和其固有的特征，分为几个组，形成目标层—耕地地力评价，准则层—因子组，指标层—每一准则下的评价指标。

表 5-7　权数值及一致性检验结果

矩阵	特征向量			CI	CR
矩阵 G	0.0990	0.1188	0.3168	2.08775690128486E-06	0.00000232
矩阵 C1	0.3000	0.7000		2.61896570510345E-05	0
矩阵 C2	0.2500	0.3167	0.4333	4.52321480848283E-06	0.00000780
矩阵 C3	0.2833	0.7167		6.2378054489276E-05	0
矩阵 C4	0.2000	0.2833	0.5167	8.55992576287434E-06	0.00001476

从表 5-7 中可以看出，CR<0.1，具有很好的一致性。

（四）层次总排序及一致性检验

计算同一层次所有因素对于最高层相对重要性的排序权值，称为层次总排序，这一过程是最高层次到最低层次逐层进行的。层次总排序结果，见图 5-2。

层次总排序结果，层次总排序的一致性检验也是从高到低逐层进行的。如果 A 层次某些因素对于 c_j 单排序的一致性指标为 CI_j，相应的平均随机一致性指标为 CR1，则 A 层次总排序随机一致性比率为：

$$CR = \frac{\sum_{j=1}^{n} c_j CI_j}{\sum_{j=1}^{n} c_j RI_j}$$

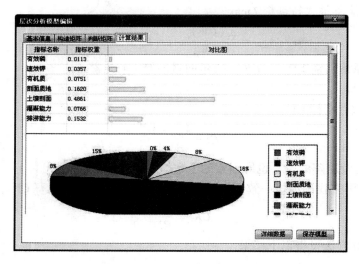

图 5 - 2 层次总排序结果

经层次总排序，并进行一致性检验，结果为 CI = 1.65E - 05，CR = 0.00008875 < 0.1，认为层次总排序结果具有满意的一致性，最后计算得到各因子的权重，如表 5 - 8。

表 5 - 8 各因子的权重

序号	评价因子	权重
1	有效磷	0.0113
2	速效钾	0.0357
3	有机质	0.0751
4	剖面质地	0.1620
5	质地构型	0.4861
6	灌溉能力	0.0766
7	排涝能力	0.1532

第四节 评价指标隶属度

一、隶属函数简介

评价因子对耕地地力的影响程度是一个模糊性概念问题，可以采用模糊数学的理论和方法进行描述。隶属度是评价因素的观测值符合该模糊性的程度（即某评价因子在某观测值时对耕地地力的影响程度），完全符合时隶属度为 1，完全不符合时隶属度为 0，部分符合时隶属度为 0 ~ 1 的任一数值。隶属函数则表示评价因素的观测值与隶属度之间的解析函数。根据评价因子的隶属函数，对于某评价因子的每一观测值均可计算出其对应的隶属度。本次评价中，选定的评价指标与耕地生产能力的关系分为戒上型函数、戒下型函数、峰型函数以

及概念型。前 3 种函数的函数模型为

$$y_i = \begin{cases} 0 & u_i < u_t(戒上), u_i > u_t(戒下), u_i > u_{t1} \, or \, u_i < u_{t2}(峰值) \\ 1/(1 + a_i \cdot (u_i - c_i)^2) & u_i < c_i(戒上), u_i > c_i(戒下), u_i < u_{t1} \, and \, u_i > u_{t2}(峰值) \\ 1 & u_i > c_i(戒上), u_i < c_i(戒下), u_i = c_i(峰值) \end{cases}$$

以上方程采用非线性回归，迭代拟合法得到。

对概念型的指标，例如，质地，则采用分类打分法，确定各种类型的隶属度。

二、隶属函数建立

对质地、质地构型、排涝能力、灌溉保证率等概念型定性因子采用专家打分法，经过归纳、反馈、逐步收缩、集中，最后产生获得相应的隶属度。而对有机质、有效磷、速效钾、有效锌等定量因子则采用 DELPHI 法根据一组分布均匀的实测值评估出对应的一组隶属度，然后在计算机中绘制这两组数值的散点图，再根据散点图进行曲线模拟，寻求参评因素实际值与隶属度关系方程从而建立起隶属函数。各参评因素的隶属度，如表 5 - 2 ~ 表 5 - 8 所示。

（一）剖面构型

剖面构型属概念型，有量纲指标，经专家打分，建立指标与隶属度的对应表。

（二）质地构型

质地构型属概念型，无量纲指标（表 5 - 9）。

表 5 - 9　质地构型隶属度

序号	质地构型	隶属度
1	夹黏轻壤	0.85
2	夹黏沙壤	0.8
3	夹黏中壤	0.82
4	夹壤黏土	0.7
5	夹壤重壤	0.5
6	夹沙黏土	0.65
7	夹沙轻壤	0.7
8	夹沙中壤	0.95
9	夹沙重壤	0.7
10	均质黏土	0.5
11	均质轻壤	0.4
12	均质沙壤	1
13	均质沙土	0.75
14	均质中壤	0.65
15	均质重壤	0.9
16	黏底轻壤	1
17	黏底沙壤	0.85

续表

序号	质地构型	隶属度
18	黏底中壤	0.85
19	黏身轻壤	0.65
20	黏身沙壤	0.8
21	黏身中壤	0.7
22	壤底黏土	0.82
23	壤底沙壤	0.6
24	壤底重壤	0.4
25	壤身沙土	0.55
26	壤身重壤	0.82
27	沙底中壤	0.82
28	沙底重壤	0.95
29	沙身黏土	0.9
30	沙身轻壤	0.65
31	沙身中壤	0.8
32	黏底轻壤	1

（三）质地

质地属概念型，无量纲指标（表5－10）。

表5－10　质地隶属度

序号	质地	隶属度
1	轻壤土	0.70
2	中壤土	0.85
3	土重壤土	1
4	轻黏	0.9
5	中黏土	0.80
6	重黏土	0.7
7	紧沙土	0.4
8	沙壤土	0.5

（四）有机质

有机质属数值型，有量纲指标（表5－11）。

表5－11　有机质隶属度

序号	有机质	隶属度
1	20	1

序号	有机质	隶属度
2	16	0.85
3	12	0.75
4	8	0.5
5	5	0.1

（五）有效磷

有效磷属数值型，有量纲指标（表5-12）。

表5-12 有效磷隶属度

序号	有效磷	隶属度
1	22.0	1
2	17.0	0.95
3	12.0	0.80
4	7	0.5
5	3	0.1

（六）速效钾

速效钾属数值型，有量纲指标（表5-13）。

表5-13 速效钾隶属度

序号	速效钾	隶属度
1	180.0	1
2	130.0	0.9
3	80.0	0.6
4	40.0	0.4
5	20.0	0.1

（七）排涝能力

排涝能力，见表5-14。

表5-14 排涝能力隶属度

序号	排涝能力	隶属度
1	10	1
2	5	0.5

（八）灌溉保证率

灌溉保证率属概念型，有量纲指标，经专家打分，建立指标与隶属度的对应表(表 5 – 15)。

表 5 – 15　灌溉保证率隶属度

序号	灌溉保证率	隶属度
1	100	1
2	80	0.6
3	60	0.3

第六章 耕地地力等级分析

耕地地力是耕地具有的潜在生产能力。这次耕地地力调查，结合周口实际情况，选取了7个对耕地地力影响比较大、区域内的变异明显、在时间序列上具有相对稳定性、与农业生产有密切关系的因素，建立评价指标体系。以 1 : 50 000 土种图、土地利用现状图叠加形成的图斑为评价单元，应用模糊综合评判方法对周口市耕地进行评价，并把周口市耕地地力共分为 4 个等级。

第一节 周口市耕地地力等级

一、计算耕地地力综合指数

用指数和法来确定耕地的综合指数，模型公式如下：

$$IFI = \sum Fi \times Ci \quad (i = 1, 2, 3, \cdots n)$$

式中，IFI（Integrated Fertility Index）代表耕地地力综合指数；F = 第 i 个因素评语；Ci = 第 i 个因素的综合权重。

具体操作过程：在市域耕地资源管理信息系统（CLRMIS）中，在"专题评价"模块中导入隶属函数模型和层次分析模型，然后选择"耕地生产潜力评价"功能进行耕地地力综合指数的计算。

二、确定最佳的耕地地力等级数目

根据综合指数的变化规律，在耕地资源管理系统中我们采用累积曲线分级法进行评价，根据曲线斜率的突变点（拐点）来确定等级的数目和划分综合指数的临界点，将周口市耕地地力共划分为五级，各等级耕地地力综合指数，如表 6 – 1 和图 6 – 1 所示。

表 6 – 1 周口市耕地力等级综合指数

等级	一等地	二等地	三等地	四等地	五等地
IFI	0.95	0.90	0.81	0.67	0.62

三、周口市耕地地力等级

周口市耕地地力共分 5 个等级。其中，一等地 128 393.12 hm² ，占全市耕地面积的 14.12%；二等地 95 931.92 hm²，占全市耕地面积的 10.55%；三等地 377 932.83 hm²，占全市耕地面积的 41.56%；四等地 151 237.37 hm²，占全市耕地面积的 16.63%；五等地

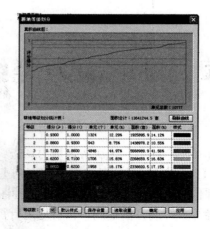

图 6 – 1　耕地地力等级分值累积曲线

155 921.44hm², 占全市耕地面积的 17.15%（表 6 – 2, 图 6 – 2、图 6 – 3）。

表 6 – 2　耕地地力评价结果面积统计

等级	一等地	二等地	三等地	四等地	五等地	总计
面积（hm²）	128 393.12	95 931.92	377 932.83	151 237.37	155 921.44	909 416.69
占总耕地（%）	14.12	10.55	41.56	16.63	17.15	100.00

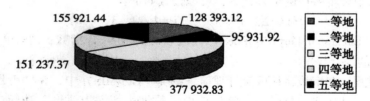

图 6 – 2　周口市各等级耕地面积

　　根据《全国耕地类型区、耕地地力等级划分》的标准, 周口市一等地全年粮食水平 1 000kg/亩左右, 二等地全年粮食水平 900 ~ 1 000kg/亩, 周口市的一、二等地可划归为国家一等地; 周口市三等地全年粮食水平 800 ~ 900kg/亩, 划归为国家二等地; 周口市四等地全年粮食水平 700 ~ 800kg/亩, 划归为国家二等地。

表 6 – 3　周口市耕地地力划分与全国耕地地力划分对接

周口市耕地地力等级划分			全国耕地地力划分		
	潜力性产量			概念性产量	
等级	（kg/hm²）	（kg/亩）	等级	（kg/hm²）	（kg/亩）
1	≥14 240	≥950	1	≥13 500	≥900
2	13 500 ~ 14 240	900 ~ 950	1	≥13 500	≥900
3	12 000 ~ 13 500	800 ~ 900	2	12 000 ~ 13 500	800 ~ 900
4	10 500 ~ 12 000	700 ~ 800	3	10 500 ~ 12 000	700 ~ 800

图6－3 周口市耕地地力等级划分

周口市一等地，面积有128 393.12hm²，占全总耕地面积的14.12%。分布情况是：郸城县41 179.79hm²，扶沟202.32hm²，淮阳县2 373.85hm²，鹿邑41 083.49hm²，沈丘县14 967.8hm²，西华县2 838.88hm²，项城市25 746.99hm²。

周口市二等地，面积有95 931.92hm²，占全总耕地面积的10.5%。分布情况是：全市各县市均有分布，郸城县4 594.19hm²，扶沟1 703.82hm²，淮阳县5 373.95hm²，鹿邑县1 471.01hm²，商水县28 966.6hm²，沈丘县15 554.22hm²，太康县11 162.41hm²，西华县10 740.66hm²，项城市16 365.05hm²。

周口市三等地，面积有377 932.83hm²，占全总耕地面积的41.6%。分布情况是：郸城县53 550.31hm²，扶沟县24 356.38hm²，淮阳县40 747.25hm²，鹿邑县44 215.93hm²，商水县59 527.1hm²，沈丘县40 015.69hm²，太康县58 279.78hm²，西华县26 890.7hm²，项城市30 349.7hm²。

周口市四等地，面积有151 237.37hm²，占全总耕地面积的16.6%。分布情况是：郸城县528.99hm²，扶沟县12 094.46hm²，淮阳县33 980.61hm²，鹿邑县4 650.02hm²，商水县9 325.42hm²，沈丘县1 978.14hm²，太康县56 712.3hm²，西华县28 909.6hm²，项城市

3 057.83hm²。

　　周口市五等地，面积有 15 5921.44hm²，占全总耕地面积的 17.1%。分布情况是：郸城县 13 693.76hm²，扶沟县 55 986.99hm²，淮阳县 27 785.62hm²，鹿邑县 5 891.25hm²，商水县 3 581.04hm²，沈丘县 8 469.3hm²，太康县 14 147.01hm²，西华县 20 514.02hm²，项城市 5 852.45hm²。

表6-4　各县市耕地地力分级分布　　　　　　　　　　（单位：hm²）

县名称	1	2	3	4	5	总计
郸城县	41 179.79	4 594.19	53 550.31	528.99	13 693.76	113 547.03
扶沟县	202.32	1 703.82	24 356.38	12 094.46	55 986.99	94 343.98
淮阳县	2 373.85	5 373.95	40 747.25	33 980.61	27 785.62	110 261.29
鹿邑县	41 083.49	1 471.01	44 215.93	4 650.02	5 891.25	97 311.71
商水县	0.00	28 966.60	59 527.10	9 325.42	3 581.04	101 400.16
沈丘县	14 967.80	15 554.22	40 015.69	1 978.14	8 469.30	80 985.15
太康县	0.00	11 162.41	58 279.78	56 712.30	14 147.01	140 301.49
西华县	2 838.88	10 740.66	26 890.70	28 909.60	20 514.02	89 893.86
项城市	25 746.99	16 365.05	30 349.70	3 057.83	5 852.45	81 372.02
总计	128 393.12	95 931.92	377 932.83	151 237.37	155 921.44	909 416.69

四、各土种在不同等级耕地分布状况

　　根据周口市第二次土壤普查的土壤分类情况，结合国家现行土壤分类系统与省土种名称对接后。周口市土壤归褐土、砂姜黑土、潮土 3 个土类；分潮褐土、典型砂姜黑土、石灰性砂姜黑土、典型潮土、灰潮土 5 个亚类；分泥沙质潮褐土、黑姜土、青黑土、覆泥黑姜土、灰黑姜土、灰青黑土、灰覆黑姜土、石灰性潮沙土、石灰性潮壤土、石灰性潮黏土、灰潮壤土、灰潮黏土等 16 个土属；分壤质潮褐土、浅位少量砂姜黑土、深位少量砂姜黑土、青黑土、壤覆砂姜黑土、黏覆砂姜黑土、浅位少量砂姜石灰性砂姜黑土、深位多量砂姜石灰性砂姜黑土、石灰性青黑土、壤盖石灰性砂姜黑土、黏盖石灰性砂姜黑土、浅位壤沙质潮土、小两合土、两合土、浅位沙两合土、浅位厚沙两合土、底沙两合土、淤土、浅位沙淤土、浅位厚沙淤土、底沙淤土、底黏灰小两合土、灰两合土、底沙灰两合土、灰淤土等 40 个土种。针对这次耕地地力评价结果，各土种在不同等级耕地范围内有一定的规律性分布，也有个别的典型分布，见表6-5。

表6-5　各土种对应地力在各县的分布

省土种名称	县地力等级	郸城县	扶沟县	淮阳县	鹿邑县	商水县	沈丘县	太康县	西华县	项城市	总计
底壤沙壤土	3	0.00	0.00	0.00	0.00	0.00	0.00	0.00	4 854.79	0.00	4 854.79
	4	0.00	100.70	0.00	0.00	0.00	0.00	77.99	9 172.11	0.00	9 350.81
	5	0.00	0.00	0.00	0.00	0.00	0.00	0.00	4 590.43	0.00	4 590.43

省土种名称	县地力等级	郸城县	扶沟县	淮阳县	鹿邑县	商水县	沈丘县	太康县	西华县	项城市	总计
底沙灰两合土	3	0.00	0.00	0.00	0.00	9.77	0.00	0.00	0.00	0.00	9.77
	4	0.00	0.00	0.00	0.00	66.96	0.00	0.00	0.00	0.00	66.96
底沙两合土	3	0.00	27.91	20 679.92	246.12	511.37	102.93	6 055.14	474.94	365.58	28 463.91
	4	0.00	0.00	739.67	525.79	1 767.33	0.00	0.00	215.82	0.00	3 248.62
底沙淤土	2	0.00	0.00	0.00	0.00	0.00	0.00	0.00	36.73	0.00	36.73
	3	0.00	5 386.34	1 106.96	8 931.69	150.95	0.00	13 794.88	793.47	121.54	30 285.84
底黏灰小两合土	3	0.00	0.00	0.00	0.00	1 167.86	0.00	0.00	0.00	0.00	1 167.86
	4	0.00	0.00	0.00	0.00	2 070.61	0.00	0.00	0.00	0.00	2 070.61
底黏沙壤土	3	0.00	0.00	19.93	0.00	0.00	0.00	0.00	667.33	0.00	687.27
	4	0.00	370.68	18.35	0.00	0.00	0.00	261.88	393.38	0.00	1 044.29
底黏小两合土	3	0.00	72.74	1 090.71	0.00	0.00	0.00	0.00	0.00	0.00	1 163.45
	4	0.00	0.00	395.57	0.00	0.00	0.00	0.00	0.00	0.00	395.57
固定草甸风沙土	5	0.00	0.00	0.00	0.00	0.00	0.00	0.00	578.16	0.00	578.16
黑底潮壤土	4	78.94	0.00	0.00	1 547.25	0.00	568.84	0.00	0.00	398.22	2 593.26
	5	0.00	0.00	0.00	0.00	0.00	49.48	0.00	0.00	221.56	271.05
黑底潮淤土	2	198.95	15.63	0.00	0.00	0.00	0.00	0.00	0.00	0.00	214.58
	3	8 990.30	468.51	0.00	91.94	0.00	4 772.68	0.00	0.00	0.00	14 323.43
灰两合土	1	0.00	0.00	0.00	0.00	0.00	0.00	0.00	0.00	122.17	122.17
	2	0.00	0.00	0.00	0.00	0.00	0.00	0.00	0.00	1 698.73	1 698.73
	3	0.00	0.00	0.00	0.00	311.80	0.00	0.00	0.00	2 764.10	3 075.89
灰淤土	1	0.00	0.00	0.00	11.18	0.00	0.00	0.00	0.00	3 006.37	3 017.55
	2	0.00	0.00	0.00	0.00	1 347.43	0.00	0.00	4 283.01	1 937.27	7 567.71
	3	0.00	0.00	0.00	0.00	3 654.83	0.00	0.00	14.37	1 703.86	5 373.06
两合土	2	0.00	0.00	0.00	0.00	0.00	0.00	0.00	40.08	0.00	40.08
	3	1 046.25	7 952.93	6 073.07	7 100.97	11 399.45	3 658.57	1 589.55	109.03	676.89	39 606.71
氯化物轻盐化潮土	3	0.00	0.00	0.00	0.00	0.00	0.00	81.01	200.78	0.00	281.79
	4	0.00	0.00	0.00	0.00	0.00	0.00	0.00	64.07	0.00	64.07
	5	0.00	0.00	0.00	0.00	0.00	0.00	247.93	0.00	0.00	247.93
浅位厚壤淤土	2	0.00	0.00	0.00	0.00	0.00	0.00	0.00	125.40	0.00	125.40
	3	42.98	92.42	138.58	274.27	102.48	12 930.06	2 782.83	3 970.63	87.61	20 421.86
浅位厚沙小两合土	4	179.79	160.67	0.00	0.00	511.20	0.00	0.00	1 411.24	118.14	1 869.84
	5	11 508.14	4 645.85	112.23	392.83	0.00	2 829.55	2 817.11	6 882.34	5 595.79	34 783.84
浅位厚沙淤土	3	1 139.91	756.21	1 665.34	847.40	0.00	428.79	2 203.40	592.96	16.25	7 650.25
	4	182.58	2 890.92	1 455.46	209.29	88.58	0.00	11 973.16	144.36	0.00	16 944.35
浅位厚黏小两合土	2	0.00	0.00	96.76	19.79	0.00	0.00	0.00	261.99	0.00	378.54

续表

省土种名称	县地力等级	郸城县	扶沟县	淮阳县	鹿邑县	商水县	沈丘县	太康县	西华县	项城市	总计
	3	0.00	0.00	544.95	957.99	0.00	212.45	150.81	345.71	25.44	2 237.35
浅位壤沙质潮土	3	0.00	0.00	0.00	0.00	0.00	0.00	0.00	340.87	0.00	340.87
	4	0.00	0.00	69.49	0.00	0.00	0.00	21.22	3 414.73	0.00	3 505.44
	5	0.00	0.00	56.27	0.00	110.36	0.00	0.00	621.47	0.00	788.10
浅位沙两合土	3	205.79	1 071.78	322.91	74.88	0.00	11 077.51	1 794.09	5 181.85	0.00	19 728.82
	4	42.90	339.29	5 656.33	816.25	654.49	81.04	31 539.77	6 172.28	392.19	45 694.54
	5	0.00	0.00	178.31	831.04	0.00	0.00	0.00	153.52	0.00	1 162.86
浅位沙小两合土	4	0.00	0.00	0.00	1 538.98	0.00	119.63	27.80	0.00	0.00	1 686.42
	5	5.86	588.77	0.00	2 073.54	0.00	13.64	0.00	0.00	0.00	2 681.81
浅位沙淤土	3	0.00	805.24	30.51	93.89	292.29	94.70	242.49	193.72	0.00	1 752.84
	4	0.00	0.00	0.00	12.45	0.00	0.00	0.00	0.00	0.00	12.45
浅位少量砂姜黑土	3	0.00	0.00	0.00	0.00	0.00	103.99	0.00	0.00	18.06	122.05
	4	0.00	0.00	0.00	0.00	1 597.11	1 186.38	0.00	0.00	851.28	3 634.77
	5	0.00	0.00	0.00	0.00	0.00	0.00	0.00	0.00	35.10	35.10
浅位少量砂姜石灰性沙	3	0.00	0.00	0.00	0.00	0.00	85.49	0.00	0.00	9.30	94.79
	4	0.00	0.00	0.00	0.00	139.64	0.00	0.00	819.56	0.00	959.20
浅位黏沙壤土	3	0.00	76.61	0.00	0.00	0.00	0.00	41.66	324.18	0.00	442.45
	4	0.00	0.00	0.00	0.00	0.00	0.00	0.00	63.80	0.00	63.80
浅位粘小两合土	3	81.64	14.59	69.69	7 296.79	0.00	263.87	274.02	534.34	56.97	8 591.92
青黑土	2	0.00	0.00	0.00	0.00	0.00	409.93	0.00	0.00	6 252.17	6 662.10
	3	0.00	0.00	0.00	0.00	11 555.61	0.00	0.00	0.00	7 322.26	18 877.87
壤盖石灰性砂姜黑土	1	48.47	0.00	0.00	0.00	0.00	946.75	0.00	0.00	10.32	1 005.54
	2	3 989.30	0.00	66.98	1 443.02	0.00	15 140.58	0.00	0.00	1 915.80	22 555.68
	3	1 927.91	0.00	0.00	0.00	88.71	0.00	0.00	0.00	1 295.10	3 311.72
壤质潮褐土	3	0.00	2 142.51	0.00	0.00	248.45	0.00	0.00	12.87	1 416.54	3 820.37
	4	0.00	819.14	0.00	0.00	2 940.70	0.00	0.00	5 803.18	1 172.20	10 735.22
	5	0.00	201.72	0.00	0.00	0.00	0.00	0.00	0.00	0.00	201.72
砂壤土	4	18.06	7 347.88	21 787.61	0.00	0.00	0.00	2 019.05	172.83	0.00	31 345.43
	5	217.97	27 238.33	27 438.82	0.00	0.00	0.00	7 764.62	62.19	0.00	62 721.94
沙质潮褐土	5	0.00	136.34	0.00	0.00	0.00	0.00	0.00	0.00	0.00	136.34
沙质潮土	5	0.00	167.45	0.00	0.00	0.00	0.00	0.00	0.00	0.00	167.45
深位少量砂姜黑土	3	0.00	0.00	0.00	0.00	1 445.29	0.00	0.00	0.00	5 922.89	7 368.18
深位少量砂姜石灰性沙	3	34.73	0.00	0.00	0.00	0.00	0.00	0.00	0.00	0.00	34.73
石灰性青黑土	3	722.68	0.00	23.95	0.00	1 057.19	4 722.00	0.00	514.55	72.44	7 112.81

省土种名称	县地力等级	郸城县	扶沟县	淮阳县	鹿邑县	商水县	沈丘县	太康县	西华县	项城市	总计
	4	25.69	0.00	0.00	0.00	0.00	0.00	0.00	0.00	0.00	25.69
小两合土	3	0.00	0.00	5 739.92	0.00	0.00	0.00	0.00	0.00	536.11	6 276.04
	4	1.03	65.17	3 858.11	0.00	0.00	22.25	10 791.42	1 062.24	125.79	15 926.02
	5	1 961.79	23 008.54	0.00	2 593.85	3 470.68	5 576.62	3 317.34	7 625.91	0.00	47 554.73
淤土	1	15 310.34	0.00	1 706.48	41 062.78	0.00	422.03	0.00	2 838.88	7 680.78	69 021.29
	2	111.20	1 133.65	5 136.24	8.21	0.00	0.00	11 162.41	4 013.35	1 424.05	22 989.11
	3	2 974.60	5 429.57	3 172.29	18 299.98	18 677.20	0.00	29 269.89	7 236.93	1 547.44	86 607.91
黏复砂姜黑土	1	0.00	0.00	0.00	0.00	0.00	12 579.45	0.00		13 934.00	26 513.46
	2	0.00	0.00	0.00	11 655.44	3.71	0.00	0.00		3 137.03	14 796.18
	3	0.00	0.00	0.00	2 455.87	0.00	0.00	0.00		3 032.52	5 488.39
黏盖石灰性砂姜黑土	1	25 820.99	202.32	667.37	9.54	0.00	991.82	0.00	0.00	0.00	27 692.03
	2	294.74	554.54	73.97	0.00	15 963.72	0.00	0.00	1 980.11	0.00	18 867.09
	3	36 383.52	59.02	68.52	0.00	6 397.97	1 562.64	0.00	527.40	3 358.79	48 357.86
黏质冲积湿潮土	1	0.00	0.00	0.00	0.00	0.00	27.74	0.00	0.00	993.34	1 021.08
总计		113 547.03	94 343.98	110 261.29	97 311.71	101 400.16	80 985.15	140 301.49	89 893.86	81 372.02	909 416.69

第二节　一等地耕地分布与主要特性

一、面积与分布

周口市一等地，面积有 128 393.12hm² ，占全总耕地面积的 14.12%。分布情况是：郸城县 41 179.79hm²，扶沟 202.32hm²，淮阳县 2 373.85hm²，鹿邑 41 083.49hm²，沈丘县 14 967.8hm²，西华县 2 838.88hm²，项城市 25 746.99hm²。

在周口市 5 个耕层质地类型中，一等地有重壤土和中壤土两个质地类型组成，其中，重壤土所占面积较大，为 127 265.40hm²，占一等地的 99%。中壤土面积 1 127.71hm²，占一等地的 1%（表 6-6）。

表6-6　一等地耕层各质地分布面积　　　　　　　　（单位：hm²）

县名称	一等地		汇总
	中壤土	重壤土	
郸城县	48.47	41 131.32	41 179.79
扶沟县	0.00	202.32	202.32
淮阳县	0.00	2 373.85	2 373.85

续表

| 县名称 | 一等地 | | 汇总 |
	中壤土	重壤土	
鹿邑县	0.00	41 083.49	41 083.49
商水县	0.00	0.00	0.00
沈丘县	946.75	14 021.04	14 967.80
太康县	0.00	0.00	0.00
西华县	0.00	2 838.88	2 838.88
项城市	132.49	25 614.50	25 746.99
总计	1 127.71	127 265.40	128 393.12

二、主要属性分析

一等地是全市最好的土壤，耕层基本为均质重壤组成，保水保肥性能好，且耕性和通透性较好；耕层土壤养分平均含量为：土壤有机质 17.00g/kg，有效磷 15.84mg/kg，速效钾 157.98mg/kg（表6-7）。

表6-7　一等地耕层养分含量统计

养分	有机质（g/kg）	有效磷（mg/kg）	速效钾（mg/kg）
平均值	17.00	15.84	157.98
标准差	2.55	4.69	42.68
变异系数	15.00	29.59	27.02

三、合理利用

一等地作为全市的粮食稳产高产田，要进一步完善排灌工程，实行节水灌溉，提高排涝能力，建设标准粮田；逐步加深耕层至 25~30cm；实行秸秆还田；搞好配方施肥，防止氮肥、钾肥浪费。在保障其稳产高产的同时，应用测土配方施肥技术和综合栽培技术，增加节肥效益。保障土壤肥力稳中有升。

第三节　二等地耕地分布与主要特征

一、面积与分布

周口市二等地，面积有 95 931.92hm²，占全总耕地面积的 10.5%。分布情况是：全市各县市均有分布，郸城县 4 594.19hm²，扶沟县 1 703.82hm²，淮阳县 5 373.95hm²，鹿邑县 1 471.01hm²，商水县 28 966.6hm²，沈丘县 15 554.22hm²，太康县 11 162.41hm²，西华县

10 740.66hm²，项城市 16 365.05hm²。

在 5 个耕层质地类型中，二等耕地中有轻壤土、轻黏土、中壤土、重壤土、重黏土 5 个类型。重壤土、中壤土、轻黏土是二等耕地的主要类型。二等地重壤土面积 52 086.17hm²，占二等地的 54.3%，主要分布在等商水、西华等县市；中壤面积 24 294.49hm²，占二等地的 25.3%。主要分布在沈丘、郸城、项城等县市。轻黏土面积 18 039.08hm²，占二等地面积的 18.8%。分布在太康、项城等县市（表 6 − 8）。

表 6 − 8　二等地耕层各质地分布面积　　　　　　　（单位：hm²）

县名称	二等地					汇总
	轻壤土	轻黏土	中壤土	重壤土	重黏土	
郸城县	0.00	198.95	3 989.30	405.94	0.00	4 594.19
扶沟县	0.00	15.63	0.00	554.54	1 133.65	1 703.82
淮阳县	96.76	0.00	66.98	5 210.22	0.00	5 373.95
鹿邑县	19.79	0.00	1 443.02	8.21	0.00	1 471.01
商水县	0.00	0.00	0.00	28 966.60	0.00	28 966.60
沈丘县	0.00	409.93	15 140.58	3.71	0.00	15 554.22
太康县	0.00	11 162.41	0.00	0.00	0.00	11 162.41
西华县	261.99	0.00	40.08	10 438.60	0.00	10 740.66
项城市	0.00	6 252.17	3 614.53	6 498.35	0.00	16 365.05
总计	378.54	18 039.08	24 294.49	52 086.17	1 133.65	95 931.92

二、主要属性分析

二等地为轻壤土、轻黏土、中壤土、重壤土、重黏土 5 种质地类型组成，质地本身具有较好的土壤特性。二等耕地的土壤养分虽不及一等耕地，但仍呈现较高水平：土壤有机质 16.28g/kg，有效磷 17.58mg/kg，速效钾 143.46mg/kg（表 6 − 9）。

表 6 − 9　二等地耕层养分含量统计

养分	有机质（g/kg）	有效磷（mg/kg）	速效钾（mg/kg）
平均值	16.28	17.58	143.46
标准差	2.55	6.02	33.81
变异系数	15.63	34.25	23.56

三、合理利用

二等地是全市粮食高产稳产重要生产区，要进一步完善水利设施建设，实现保灌，提高排涝能力，逐步加深耕层至 25 ~ 30cm；大力推广秸秆还田技术和配方施肥技术；在进一步提高粮食单产的同时，不断提升土壤肥力。

第四节 三等地耕地分布与主要特性

一、面积与分布

周口市三等地，面积有 377 932.83hm²，占全总耕地面积的 41.6%。分布情况是：郸城县 53 550.31hm²，扶沟县 24 356.38hm²，淮阳县 40 747.25hm²，鹿邑县 44 215.93hm²，商水县 59 527.1hm²，沈丘县 40 015.69hm²，太康县 58 279.78hm²，西华县 26 890.7hm²，项城市 30 349.7hm²。

在耕层质地类型中，三等耕地有重壤土、中壤土、轻黏土、轻壤土、沙壤土、重黏土、沙土、中黏土 8 个质地类型。在三等地的质地类型中重壤土面积最大，为 162 422.82hm²，占三等地面积的 42.9%，主要分布在郸城、商水、鹿邑、太康、西华、沈丘等县市；中壤土 101 801.76hm²，占三等地面积的 26.9%，主要分布在淮阳、商水、沈丘、项城等县市；其次是轻黏土面积 78 589.73hm²，占三等地面积的 20.8%；轻壤土面积为 23 302.02hm²、占三等地面积的 6.1%（表 6 - 10）。

表 6 - 10 三等地耕层各质地分布面积 （单位：hm²）

| 县名称 | 3.00 | | | | | | | | 汇总 |
	紧沙土	轻壤土	轻黏土	沙壤土	中黏土	中壤土	重壤土	重黏土	
郸城县	0.00	81.64	10 852.88	0.00	0.00	3 179.95	39 435.82	0.00	53 550.31
扶沟县	0.00	2 229.84	2 172.82	76.61	0.00	9 052.62	5 394.92	5 429.57	24 356.38
淮阳县	0.00	7 445.28	1 701.86	19.93	0.00	27 075.89	4 504.29	0.00	40 747.25
鹿邑县	0.00	8 254.78	1 008.69	0.00	61.56	7 421.98	27 468.92	0.00	44 215.93
商水县	0.00	1 416.31	12 612.80	0.00	0.00	13 766.38	31 731.60	0.00	59 527.10
沈丘县	0.00	476.32	10 027.46	0.00	0.00	14 839.01	14 672.90	0.00	40 015.69
太康县	0.00	469.87	31 473.29	41.66	0.00	9 474.76	16 820.21	0.00	58 279.78
西华县	340.87	892.91	1 310.91	5 846.30	0.00	5 966.60	12 533.11	0.00	26 890.70
项城市	0.00	2 035.06	7 429.01	0.00	0.00	11 024.56	9 861.06	0.00	30 349.70
总计	340.87	23 302.02	78 589.73	5 984.51	61.56	101 801.76	162 422.82	5 429.57	377 932.83

二、主要属性分析

三等耕地表层质地土壤特性仅占中等，质地构型类型多达 8 种，虽然均质黏土和壤底黏土占有一定面积，但相当部分质地构型欠优，也会对土壤的优良特性有所影响。所以，三等耕地保水保肥性能和土壤养分相对一二等耕地较低。其有机质 15.44k/kg，有效磷 16.1mg/kg，速效钾 144.6mg/kg（表 6 - 11）。

表6-11　三等地耕层养分含量统计

养分	有机质（g/kg）	有效磷（mg/kg）	速效钾（mg/kg）
平均值	15.44	16.10	144.60
标准差	3.02	5.18	36.87
变异系数	19.55	32.17	25.50

三、合理利用

　　三等地是周口市粮食重要生产区之一。要进一步加强排灌设施建设；注重培肥地力。在耕地培肥管理中要加强秸秆还田技术应用；实行配方施肥，因地制宜开展培肥管理。对均质重壤、均质黏土底沙重壤等类型土壤在应用秸秆还田和配方施肥的同时，逐步加深耕层至25cm以上；对部分漏水漏肥地块，以肥水管理为主导，强化秸秆还田措施和配方施肥技术应用，在提高单产的同时，实现平衡增产。

第五节　四等地耕地分布与主要特性

一、面积与分布

　　周口市四等地，面积有 151 237.37hm²，占全总耕地面积的 16.6%。分布情况是：郸城县 528.99hm²，扶沟县 12 094.46hm²，淮阳县 33 980.61hm²，鹿邑县 4 650.02hm²，商水县 9 325.42hm²，沈丘县 1 978.14hm²，太康县 56 712.3hm²，西华县 28 909.6hm²，项城市 3 057.83hm²。

　　四等地由中壤土、沙壤土、轻壤土、轻黏土、紧沙土、重壤土 6 种质地类型组成。四等地中壤土 49 010.13hm²，占四等地面积的 32.4%，主要分布在太康、淮阳、商水等县市；沙壤土面积 41 804.33hm²，占四等地面积的 27.6%，主要分布在淮阳、扶沟、西华等县；轻壤土面积 35 341.01hm²，占四等地面积的 23.4%；主要分布在太康、西华等县（表6-12）。

表6-12　四等地耕层各质地分布面积　　　　　　　　　　（单位：hm²）

县名称	4.00						汇总
	紧沙土	轻壤土	轻黏土	沙壤土	中壤土	重壤土	
郸城县	0.00	259.77	208.27	18.06	42.90	0.00	528.99
扶沟县	0.00	1 044.98	2 890.92	7 819.27	339.29	0.00	12 094.46
淮阳县	69.49	4 253.68	1 455.46	21 805.96	6 396.01	0.00	33 980.61
鹿邑县	0.00	3 086.23	209.29	0.00	1 342.04	12.45	4 650.02
商水县	0.00	5 011.31	1 685.69	0.00	2 488.79	139.64	9 325.42
沈丘县	0.00	710.73	1 186.38	0.00	81.04	0.00	1 978.14

续表

县名称	4.00						汇总
	紧沙土	轻壤土	轻黏土	沙壤土	中壤土	重壤土	
太康县	21.22	10 819.22	11 973.16	2 358.92	31 539.77	0.00	56 712.30
西华县	3 414.73	8 340.73	144.36	9 802.12	6 388.10	819.56	28 909.60
项城市	0.00	1 814.35	851.28	0.00	392.19	0.00	3 057.83
总计	3 505.44	35 341.01	20 604.81	41 804.33	49 010.13	971.65	151 237.37

二、主要属性分析

四等地土壤类型有 6 种耕层质地类型和 5 种质地构型，最突出的特点是耕层质地类型中沙壤土和轻壤土面积较大，占到了四等地的 60%；不良质地构型种类多，面积大。其有机质 13.64g/kg，有效磷 16.6mg/kg，速效钾 135.5mg/kg（表 6 - 13）。

表 6 - 13　四等地耕层养分含量统计

养分	有机质（g/kg）	有效磷（mg/kg）	速效钾（mg/kg）
平均值	13.64	16.60	135.54
标准差	2.92	5.77	38.64
变异系数	21.41	34.76	28.51

三、合理利用

四等地土壤形态欠佳，通过加强培肥管理，仍然可以有效提高地力等级，使之成为高产田。首先要以测土配方施肥理论指导其培肥利用。以衡量监控理论指导磷肥施用；以衡量监控理论和效应函数理论指导钾肥施用；分次施用氮肥；多施有机肥；实行秸秆还田；使四等地高产生产的同时土壤肥力不断得到提高。同时，由于此类土壤中有障碍层存在，又要长期坚持以培肥为主的改良利用。对黏土地要注重加强农田水利工程建设，完善排溉设施，加深耕层，积极改善耕地的水分物理性状。对紧沙土和轻壤土要注重连年施用有机肥，种植绿肥，保持耕深相对稳定，以促进犁底层的形成，同时，要加强排灌设施建设，通过科学运用肥水措施，进一步促进生产性能的改善，提高土地的生产能力。

第六节　五等地耕地分布与主要特性

一、面积与分布

周口市五等地，面积有 155 921.44hm²，占全总耕地面积的 17.1%。分布情况是：郸城县 13 693.76hm²，扶沟县 55 986.99hm²，淮阳县 27 785.62hm²，鹿邑县 5 891.25hm²，商水

县 3 581.04hm²，沈丘县 8 469.3hm²，太康县 14 147.01hm²，西华县 20 514.02hm²，项城市 5 852.45hm²。

五等地由轻壤土、沙壤土、紧沙土、中壤土、轻黏土 5 种质地类型组成。五等地轻壤土 85 741.07hm²，占五等地面积的 55.0%，主要分布在西华、扶沟、郸城等县；沙壤土 67 448.7hm²，占 43.3%，主要分布在淮阳、扶沟、太康等县，其他类型质地面积各县分布较小（表 6-14）。

表 6-14 五等地耕层各质地分布面积 （单位：hm²）

县名称	紧沙土	轻壤土	轻黏土	沙壤土	中壤土	汇总
郸城县	0.00	13 475.78	0.00	217.97	0.00	13 693.76
扶沟县	167.45	28 444.87	0.00	27 374.67	0.00	55 986.99
淮阳县	56.27	112.23	0.00	27 438.82	178.31	27 785.62
鹿邑县	0.00	5 060.22	0.00	0.00	831.04	5 891.25
商水县	110.36	3 470.68	0.00	0.00	0.00	3 581.04
沈丘县	0.00	8 469.30	0.00	0.00	0.00	8 469.30
太康县	0.00	6 382.38	0.00	7 764.62	0.00	14 147.01
西华县	1 199.63	14 508.25	0.00	4 652.62	153.52	20 514.02
项城市	0.00	5 817.35	35.10	0.00	0.00	5 852.45
总计	1 533.71	85 741.07	35.10	67 448.70	1 162.86	155 921.44

二、主要属性分析

五等地土壤类型有 5 种耕层质地类型，最突出的特点是耕层质地类型中轻壤土和砂壤土面积较大，占到了五等地的 98.3%；不良质地构型种类多。其有机质 13.63g/kg，有效磷 16.16mg/kg，速效钾 126.25mg/kg（表 6-15）。

表 6-15 五等地耕层养分含量统计

养分	有机质（g/kg）	有效磷（mg/kg）	速效钾（mg/kg）
平均值	13.63	16.16	126.25
标准差	3.05	4.96	33.25
变异系数	22.37	30.67	26.34

三、合理利用

五等地土壤形态欠佳，通过加强培肥管理，仍然可以有效提高地力等级，使之成为中产田。首先要以测土配方施肥理论指导其培肥利用。以衡量监控理论指导磷肥施用；以衡量监控理论和效应函数理论指导钾肥施用；分次施用氮肥；多施有机肥；实行秸秆还田；使四等地高产生产的同时，土壤肥力不断得到提高。同时，由于此类土壤中有障碍层存在，又要长期坚持以培肥为主的改良利用。对黏土地要注重加强农田水利工程建设，完善排溉设施，加深耕层，积极改善耕地的水分物理性状。对紧沙土和轻壤土要注重连年施用有机肥，种植绿肥，保持耕深相对稳定，以促进犁底层的形成，同时，要加强排灌设施建设，通过科学运用肥水措施，进一步促进生产性能的改善，提高土地的生产能力。

第七章　耕地土壤养分分析

2005—2012 年，对全县耕地有机质、大量元素、微量元素以及土壤物理属性进行了调查分析，充分了解了各个营养元素的含量状况及不同含量级别的面积分布，不同土壤类型、质地各个耕地土壤属性的现状，取得了大量的调查数据，为耕地地力评价创造了条件。耕地地力评价过程中，从 2005—2012 年的分析数据中提取骨干样进行空间插值分析，用于地力评价，下面将空间插值后的养分数据进行统计分析。

第一节　有机质

土壤有机质是土壤的重要组成成分，它和矿物质构成了土壤固相部分，与土壤的发生、演变，土壤肥力水平和许多土壤的其他属性有密切的关系。土壤有机质含有作物生长所需的多种营养元素，分解后可直接为作物生长提供营养；有机质具有改善土壤理化性状，影响土壤结构形成及通气性、渗透性、缓冲性、交换性能和保水保肥性能，因此，土壤有机质含量的高低是评价土壤肥力的重要标志之一，是评价耕地地力的重要指标。对耕作土壤来说，培肥的中心环节就是增施各种有机肥，实行秸秆还田，保持和提高土壤有机质含量。

一、耕层土壤有机质含量及面积分布

本次耕地地力调查共化验分析耕层土样 64 890 个，平均含量为 15.98g/kg，变化范围 1.01~48.2/kg，标准差 3.71，变异系数 23.21%。比 1984 年第二次土壤普查平均含量 11.8g/kg，增加了 5.18g/kg。土壤有机质的积累与矿化是土壤与生态环境之间物质和能量循环的一个重要环节。周口市属暖温带半湿润季风型气候，气候温和，四季分明，干湿交替明显，夏季温度高降水集中，冬季寒冷雨雪少，土壤温湿条件适于有机质分解，加之土壤反应为微碱性，宜于土壤微生物的繁殖，故有机质的分解，无论是生物分解过程和非生物的矿化过程均较强烈，因此，有机质含量偏低。随着近年来增施有机肥和秸秆还田面积不断扩大，总体来说周口市土壤有机质含量有明显提高，但仍需要巩固提升。

不同地力等级耕层土壤有机质含量不同，其中，一等地有机质含量比四等地多 1.77g/kg，各级别面积，见表 7-1。

表 7-1　各地力等级耕层土壤有机质含量及分布面积

级别	一等地	二等地	三等地	四等地	五等地	总计
面积（hm²）	128 393.12	95 931.92	377 932.83	151 237.37	155 921.44	909 416.69
占总面积(%)	14.12	10.55	41.56	16.63	17.15	100.00

续表

级别	一等地	二等地	三等地	四等地	五等地	总计
平均值（g/kg）	17.00	16.28	15.44	13.64	13.63	15.09
标准差	2.55	2.55	3.02	2.92	3.05	3.14
变异系数（%）	15.00	15.63	19.55	21.41	22.37	18.79

二、不同土壤类型有机质含量

耕层土壤有机质含量状况是人们社会活动对土壤影响的集中体现。不同土种类型的土壤水分含量和孔隙度不同，有机质的形成与积累、分解与沙化的速率也不同，因此，有机质含量有一定差异。从表7-2可以看出周口市有机质含量最低的土种是沙质潮褐土，10.00g/kg；有机质含量最高的是石灰性青黑土，17.81g/kg 两者相差7.81g/kg 左右（表7-2）。

表7-2　不同土种有机质含量　　　　　　　　　（单位：g/kg）

省土种名称	平均值	标准差	变异系数
底壤沙壤土	14.29	2.49	17.39
底沙灰两合土	14.97	1.27	8.46
底沙两合土	14.39	2.58	17.93
底沙淤土	13.73	2.96	21.57
底黏灰小两合土	15.88	1.37	8.61
底黏沙壤土	13.52	3.55	26.24
底黏小两合土	14.34	2.16	15.07
固定草甸风沙土	17.49	2.50	14.32
黑底潮壤土	16.07	1.95	12.10
黑底潮淤土	17.45	2.64	15.11
灰两合土	15.13	1.77	11.72
灰淤土	16.10	2.24	13.91
两合土	14.83	2.81	18.97
氯化物轻盐化潮土	12.66	2.54	20.08
浅位厚壤淤土	15.95	2.66	16.68
浅位厚沙小两合土	15.00	2.81	18.71
浅位厚沙淤土	13.65	3.01	22.02
浅位厚黏小两合土	15.50	2.28	14.72
浅位壤沙质潮土	15.06	3.54	23.48
浅位沙两合土	13.71	3.19	23.28
浅位沙小两合土	15.30	2.57	16.78
浅位沙淤土	13.54	2.86	21.14
浅位少量砂姜黑土	16.31	1.84	11.27

省土种名称	平均值	标准差	变异系数
浅位少量砂姜石灰性沙	17.43	1.38	7.89
浅位黏沙壤土	14.81	2.94	19.84
浅位黏小两合土	15.58	2.96	19.02
青黑土	15.74	1.89	11.99
壤盖石灰性砂姜黑土	16.43	2.09	12.72
壤质潮褐土	15.13	3.83	25.33
沙壤土	12.61	2.77	22.00
沙质潮褐土	10.00	0.45	4.55
沙质潮土	10.72	0.30	2.83
深位少量砂姜黑土	15.33	1.66	10.84
深位少量砂姜石灰性沙	17.05	2.62	15.34
石灰性青黑土	17.81	2.01	11.28
小两合土	13.46	3.08	22.85
淤土	15.30	2.93	19.15
黏复砂姜黑土	16.03	2.13	13.31
黏盖石灰性砂姜黑土	18.31	2.79	15.24
黏质冲积湿潮土	16.75	1.99	11.86
总计	15.09	3.14	20.79

三、耕层有机质含量与土壤质地的关系

土壤质地与耕层有机质含量有较密切的关系。从化验结果分析中得出，不同土壤质地有机质含量在周口市的分布规律。各质地耕层有机质含量排列顺序为：

重黏土＞僵黏土＞中黏土＞轻黏土＞重壤土＞中壤土＞轻壤土＞沙壤土＞紧沙土，其含量分别为：16.8g/kg、16.09g/kg、15.45g/kg、15.30g/kg、14.53g/kg、14.52g/kg、13.98g/kg、13.15g/kg、10.84g/kg。一般来说，质地愈黏，有机质含量愈高，反之，质地愈轻，则有机质含量愈低，见表7-3。

表7-3　不同质地土壤有机质养分含量　　　　　　（单位：g/kg）

剖面质地	平均值	标准差	变异系数
僵黏	16.09	2.03	12.61
紧沙土	10.84	3.54	22.89
轻壤土	13.98	3.07	21.14
轻黏土	15.30	3.17	22.66
沙壤土	13.15	2.85	21.67

续表

剖面质地	平均值	标准差	变异系数
中壤土	14.52	2.90	19.96
中黏土	15.45		
重壤土	14.53	2.64	15.72
重黏土	16.80	2.08	19.21
总计	15.09	3.14	20.79

四、耕层土壤有机质各级别状况

根据全国第二次土壤普查办公室和省第二次土壤普查办公室规定的土壤养分分级标准，并结合周口市实际，统计结果列于表7-4。含量在8g/kg以下的土壤面积为5 117.75hm²，占全市土壤面积的0.6%，主要分布在西华、扶沟、太康等；含量在8~10g/kg的土壤面积为40 794.8hm²，占全市土壤总面积的4.5%，主要在太康、扶沟县等；含量在10~20g/kg的土壤面积为824 685.88hm²，占全市土壤总面积的90.7%，全市各个县市均有分布；含量在20~30g/kg的土壤面积为38 808.13hm²，占全市土壤总面积的4.27%，全市除太康外均有分布；含量在30g/kg以上的土壤面积为10.13hm²，面积很小（图7-1）。

表7-4　周口市土壤有机质含量分级面积

县名称	一级 >30g/kg		二级 20~30g/kg		三级 10~20g/kg		四级 8~10g/kg		五级 <8g/kg		总计
	面积 (hm²)	占一级的（%）	面积 (hm²)	占二级的（%）	面积 (hm²)	占三级的（%）	面积 (hm²)	占四级的（%）	面积 (hm²)	占五级的（%）	
郸城县	10.13	100.00	29 719.64	76.58	83 803.77	10.16	13.49	0.03		0.00	113 547.03
扶沟县		0.00	29.65	0.08	66 948.79	8.12	27 016.68	66.23	348.86	6.82	94 343.98
淮阳县		0.00	55.41	0.14	110 205.89	13.36		0.00		0.00	110 261.29
鹿邑县		0.00	68.98	0.18	97 242.72	11.79		0.00		0.00	97 311.71
商水县		0.00	1 575.43	4.06	99 819.13	12.10	5.60	0.01		0.00	101 400.16
沈丘县		0.00	2 564.81	6.61	78 420.34	9.51		0.00		0.00	80 985.15
太康县		0.00		0.00	123 198.88	14.94	13 102.55	32.12	4 000.07	78.16	140 301.49
西华县		0.00	3 993.05	10.29	84 525.44	10.25	628.95	1.54	746.42	14.58	89 893.86
项城市		0.00	801.17	2.06	80 520.91	9.76	27.53	0.07	22.41	0.44	81 372.02
总计	10.13	100.00	38 808.13	100.00	824 685.88	100.00	40 794.80	100.00	5 117.75	100.00	909 416.69

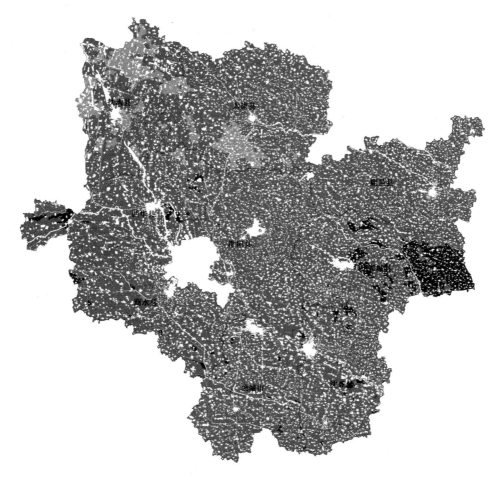

图 7 - 1　周口市土壤有机质含量分布

第二节　大量元素

一、有效磷

磷是作物重要的营养元素，它既是构成作物体内的许多重要有机化合物的组成部分，同时，又以多种方式参与作物体内的生理生化过程，对促进作物生长发育和代谢作用是不可缺少的。而有效磷则是土壤中易被作物吸收利用的磷素养分。

土壤中的磷一般以无机态磷和有机态磷形式存在，通常有机态磷占全磷量的 35% 左右，无机态磷占全磷量的 65% 左右。无机态磷中易溶性磷酸盐和土壤胶体中吸附的磷酸根离子以及有机形态磷中易矿化的部分，被视为有效磷，占土壤全磷含量的 10% 左右。有效磷含量是衡量土壤养分含量和供应强度的重要指标，也是评价耕地地力的重要指标。根据这次调查，全市耕层土壤有效磷含量平均 15.89mg/kg，变化范围 5~94.6mg/kg，标准差 7.79，变异系数 49.07%。比 1984 年第二次土壤普查平均含量 9.19mg/kg，增加了 6.7mg/kg。

（一）不同地力等级耕层土壤有效磷含量及分布面积

不同地力等级土壤有效磷的含量不同，且有一定的差异，其中，一等地比五等地有效磷多 0.68 mg/kg（表 7-5、表 7-6）。

表 7-5　各地力等级耕层土壤有效磷含量及分布面积

级别	一等地	二等地	三等地	四等地	五等地	总计
面积（hm²）	128 393.12	95 931.92	377 932.83	151 237.37	155 921.44	909 416.69
占总耕地（%）	14.12	10.55	41.56	16.63	17.15	100.00
平均值（g/kg）	16.84	17.58	16.10	16.60	16.16	16.29
标准差	4.69	6.02	5.18	5.77	4.96	5.28
变异系数（%）	29.59	34.25	32.17	34.76	30.67	32.41

表 7-6　不同土壤类型耕层有效磷含量　　　　　　（单位：mg/kg）

省土种名称	平均值	标准差	变异系数
底壤沙壤土	15.49	4.00	25.82
底沙灰两合土	15.50	0.56	3.59
底沙两合土	16.12	5.13	31.86
底沙淤土	17.93	5.87	32.71
底黏灰小两合土	15.95	3.04	19.07
底黏沙壤土	17.09	5.99	35.05
底黏小两合土	13.62	4.37	32.11
固定草甸风沙土	15.21	1.96	12.91
黑底潮壤土	16.73	4.82	28.79
黑底潮淤土	14.32	4.53	31.64
灰两合土	18.28	4.47	24.45
灰淤土	17.80	4.71	26.49
两合土	15.52	5.01	32.30
氯化物轻盐化潮土	19.77	6.89	34.84
浅位厚壤淤土	13.94	5.24	37.61
浅位厚沙小两合土	15.77	4.72	29.91
浅位厚沙淤土	17.70	7.46	42.14
浅位厚黏小两合土	15.29	3.86	25.23
浅位壤沙质潮土	15.78	3.43	21.71
浅位沙两合土	15.62	6.17	39.52
浅位沙小两合土	18.06	4.13	22.85
浅位沙淤土	16.60	4.81	28.96
浅位少量砂姜黑土	16.46	4.23	25.68

省土种名称	平均值	标准差	变异系数
浅位少量砂姜石灰性沙	15.58	3.73	23.92
浅位黏沙壤土	17.13	4.24	24.78
浅位黏小两合土	15.18	3.65	24.04
青黑土	18.52	4.87	26.31
壤盖石灰性砂姜黑土	14.68	4.01	27.29
壤质潮褐土	16.78	4.09	24.37
沙壤土	17.07	5.94	34.81
沙质潮褐土	21.99	2.64	12.00
沙质潮土	22.34	0.76	3.42
深位少量砂姜黑土	17.52	5.13	29.31
深位少量砂姜石灰性沙	17.65	5.59	31.65
石灰性青黑土	14.03	3.46	24.63
小两合土	15.57	4.79	30.79
淤土	16.91	5.66	33.45
黏复砂姜黑土	16.94	3.92	23.17
黏盖石灰性砂姜黑土	15.61	4.71	30.20
黏质冲积湿潮土	21.70	5.37	24.76
总计	16.29	5.28	32.41

（二）不同土壤类型有效磷含量状况

不同土壤类型由于受成土母质、种植制度、施肥习惯不同的影响，有效磷含量有较为明显的差异，以砂姜黑土类最高、潮土类次之、褐土类较低；浅位壤砂质潮土最低。砂姜黑土类过去含磷量较低，但近年随着配方施肥技术的宣传与推广，施磷习惯逐渐形成，施磷量较大，所以，磷含量提升较快（表7-6）。

（三）不同土壤质地有效磷含量状况

土壤质地是影响耕层土壤磷素有效性的重要因素之一，土壤质地与土壤风化程度有关，黏粒部分磷素含量丰富，容易风化分解，分解后释放出有效磷。而砂粒部分含磷量较少，难以风化分解，因此，土壤质地影响土壤有效磷的含量。周口市地处黄河冲积平原，土壤有效磷随土壤质地由砂变黏而逐渐增加，周口市不同土壤质地有效磷含量情况，见表7-7。

表7-7 不同土壤质地有效磷含量 （单位：mg/kg）

剖面质地	平均值	标准差	变异系数
僵黏	17.66429	27.71377	12.61
紧沙土	15.9354	21.07432	22.89
轻壤土	15.82234	29.31334	21.14
轻黏土	17.59071	38.54489	22.66

续表

剖面质地	平均值	标准差	变异系数
沙壤土	16.65764	32.88425	21.67
中壤土	15.8343	34.56444	19.96
中黏土	12.9		
重壤土	16.02827	29.45114	15.72
重黏土	20.73797	26.80052	19.21
总计	16.28746	32.40535	20.79

(四) 耕层土壤有效磷含量及面积分布

按照全国第二次土壤普查养分分级标准，并结合周口市实际，周口市有效磷各分级面积与分布，见表7-8，图7-2。

Ⅰ级：土壤有效磷含量 >40mg/kg，面积 2 309.84hm²，占全市土壤面积的0.25%。主要分布在项城、太康、扶沟等县市。

Ⅱ级：土壤有效磷含量 40~20mg/kg，面积 133 634.83hm²，占全市土壤面积的14.7%。全市各县市均有分布，其中，以扶沟、鹿邑、太康、项城最多。

Ⅲ级：土壤有效磷含量 10~20mg/kg，面积 734 864.07hm²，占全市土壤总面积的80.8%。全市各县均有分布。

Ⅳ级：土壤有效磷含量 7~10mg/kg，面积 36 552.43hm²，占全市土壤总面积的4.0%。全市各县均有分布。

Ⅴ级：土壤有效磷含量 <7mg/kg，面积 2 055.51hm²，占全市土壤总面积的0.23%。除鹿邑、商水外各县都有分布。

表7-8 耕层土壤有效磷含量分级 （单位：mg/kg；hm²）

县名称	一级 >40mg/kg 面积 (hm²)	占一级 的 (%)	二级 20~40mg/kg 面积 (hm²)	占二级 的 (%)	三级 10~20mg/kg 面积 (hm²)	占三级 的 (%)	四级 7~10mg/kg 面积 (hm²)	占四级 的 (%)	五级 <7mg/kg 面积 (hm²)	占五级 的 (%)	总计
郸城县		0.00	9 478.30	7.09	91 626.18	12.47	11 379.50	31.13	1 063.05	51.72	113 547.03
扶沟县	24.48	1.06	48 755.74	36.48	44 097.42	6.00	1 007.51	2.76	458.82	22.32	94 343.98
淮阳县		0.00	5 838.92	4.37	97 224.31	13.23	6 881.31	18.83	316.76	15.41	110 261.29
鹿邑县		0.00	11 427.29	8.55	85 673.57	11.66	210.85	0.58		0.00	97 311.71
商水县		0.00	1 247.47	0.93	100 061.46	13.62	91.23	0.25		0.00	101 400.16
沈丘县		0.00	13.07	0.01	73 884.65	10.05	7 086.50	19.39	0.93	0.05	80 985.15
太康县	2 151.11	93.13	38 026.41	28.46	94 379.65	12.84	5 576.34	15.26	167.99	8.17	140 301.49
西华县		0.00	3 199.07	2.39	82 712.29	11.26	3 958.63	10.83	23.87	1.16	89 893.86
项城市	134.25	5.81	15 648.57	11.71	65 204.55	8.87	360.56	0.99	24.09	1.17	81 372.02
总计	2 309.84	100.00	133 634.83	100.00	734 864.07	100.00	36 552.43	100.00	2 055.51	100.00	909 416.69

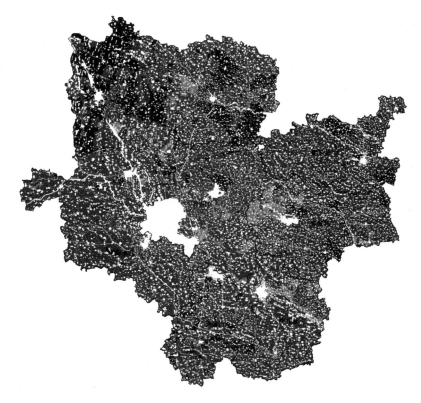

图 7-2　周口市土壤有效磷含量分布

二、速效钾

钾是作物生长发育所必需的营养元素之一。它具有促进植物体内碳水化合物的代谢和合成，提高作物抗逆性等作用。随着复种指数和产量的提高，氮肥、磷肥用量的增加，钾肥在农业生产中已日益显出其重要地位，而周口市土壤速效钾含量较为丰富。全市耕层土壤速效钾含量平均 141.89mg/kg，变化范围 30～443mg/kg，标准差 54.01，变异系数 38.06%。与1984 年第二次土壤普查（189mg/kg），减少了 47.1mg/kg。

（一）不同地力等级耕层土壤速效钾含量及分布面积

不同地力等级耕层土壤速效钾含量差异较为明显，其中，一等地比五等地多 16.6mg/kg（表 7-9）。

表 7-9　各地力等级耕层土壤速效钾含量

级别	一等地	二等地	三等地	四等地	五等地	总计或平均
面积（hm²）	128 393.12	95 931.92	377 932.83	151 237.37	155 921.44	909 416.69
占总耕地（%）	14.12	10.55	41.56	16.63	17.15	100.00
平均值（g/kg）	157.98	143.46	144.60	135.54	126.25	141.38
标准差	42.68	33.81	36.87	38.64	33.25	38.18
变异系数（%）	27.02	23.56	25.50	28.51	26.34	27.01

（二）不同土壤类型耕层土壤速效钾含量

土壤速效钾含量与土壤类型关系极为密切，砂姜黑土类含量最高 143.2mg/kg，其次是潮土 141.7mg/kg，褐土最低为 130.6mg/kg。就土种而言，黑底潮壤土和深位多量砂姜石灰性砂姜黑土较高平均为 169.38mg/kg 和 163mg/kg（表 7 - 10）。

表 7 - 10　不同土壤类型耕层土壤速效钾含量

（单位：mg/kg）

省土种名称	平均值	标准差	变异系数
底壤沙壤土	95.44	21.87	22.91
底沙灰两合土	109.33	3.51	3.21
底沙两合土	133.81	30.72	22.96
底沙淤土	169.73	46.30	27.28
底黏灰小两合土	119.21	10.41	8.74
底黏沙壤土	120.89	27.43	22.69
底黏小两合土	143.16	38.45	26.86
固定草甸风沙土	95.67	15.90	16.62
黑底潮壤土	169.38	58.40	34.48
黑底潮淤土	173.18	40.32	23.28
灰两合土	121.74	14.57	11.97
灰淤土	134.77	24.92	18.49
两合土	134.04	31.04	23.16
氯化物轻盐化潮土	144.84	36.52	25.21
浅位厚壤淤土	129.98	32.33	24.88
浅位厚沙小两合土	132.95	34.79	26.16
浅位厚沙淤土	153.90	38.93	25.29
浅位厚黏小两合土	140.43	49.83	35.49
浅位壤沙质潮土	95.59	20.69	21.64
浅位沙两合土	139.17	33.90	24.36
浅位沙小两合土	167.36	28.35	16.94
浅位沙淤土	144.85	36.95	25.51
浅位少量砂姜黑土	122.76	16.62	13.54
浅位少量砂姜石灰性沙	163.00	24.52	15.04
浅位黏沙壤土	118.00	31.46	26.66
浅位黏小两合土	158.39	37.88	23.92
青黑土	130.36	21.17	16.24
壤盖石灰性砂姜黑土	141.07	34.70	24.60
壤质潮褐土	131.09	28.82	21.99
沙壤土	125.18	30.51	24.38

省土种名称	平均值	标准差	变异系数
沙质潮褐土	125.43	15.81	12.60
沙质潮土	139.00	2.12	1.53
深位少量砂姜黑土	127.56	19.46	15.26
深位少量砂姜石灰性沙	156.50	0.71	0.45
石灰性青黑土	149.63	31.27	20.90
小两合土	126.41	29.92	23.67
淤土	159.35	41.15	25.82
黏复砂姜黑土	124.93	19.67	15.74
黏盖石灰性砂姜黑土	167.95	34.45	20.51
黏质冲积湿潮土	172.09	50.15	29.14
总计	141.38	38.18	27.01

（三）不同土壤质地耕层土壤速效钾含量

全市土壤速效钾平均含量为 141.3 mg/kg，不同质地耕层土壤速效钾含量差异较大，周口市轻黏土速效钾含量 166.33mg/kg，比轻壤土速效钾含量 116.34mg/kg，高出 49.9mg/kg。具体排序，见表 7-11。

表 7-11 不同土壤质地速效钾含量　　　　　　　　　　　　（单位：mg/kg）

剖面质地	平均值	标准差	变异系数
僵黏	132.3340336	23.64250804	17.87
紧沙土	97.53097345	21.09082011	21.62
轻壤土	133.9902698	35.53399087	26.52
轻黏土	166.3320433	40.86035004	24.57
沙壤土	116.3433668	31.01249466	26.66
中壤土	135.6981925	31.72783825	23.38
中黏土	156		
重壤土	150.778896	38.8407863	25.76
重黏土	126.7594937	26.14075077	20.62
总计	141.3774705	38.18009191	27.01

（四）耕层土壤速效钾含量与面积分布

根据全国第二次土壤普查土壤养分分级标准，结合周口市实际情况，全市土壤速效钾可分为五级，见表 7-12，图 7-3。

表 7-12 的资料表明了周口市土壤速效钾的含量分布情况，现详细分述于下。

Ⅰ级：土壤速效钾含量 >200mg/kg，面积 82592.27hm²，占全市土壤总面积的 9.1%。

主要分布在鹿邑、郸城。

  Ⅱ级：土壤速效钾含量 150～200mg/kg，面积 210 361.55hm²，占全市土壤总面积的 23.1%。全市各县均有分布。

  Ⅲ级：土壤速效钾 100～150mg/kg，面积 526 992.84hm²，占全市土壤总面积的 57.9%。全市各县均有分布。

  Ⅳ级：土壤速效钾 50～100mg/kg，面积 69 592.07hm²，占全市土壤总面积的 7.6%。除鹿邑外，其他县均有分布。

  Ⅴ级：土壤速效钾 <50mg/kg，面积 75.97hm²，占全市土壤总面积较小。主要分布在扶沟、西华等。

图 7-3　周口市土壤速效钾含量分布

表 7-12　耕层土壤速效钾含量分级面积　　　　　　　　　　　　　（单位：mg/kg）

县名称	一级		二级		三级		四级		五级		总计
	>200mg/kg		150～200mg/kg		100～150mg/kg		50～100mg/kg		<50mg/kg		
	面积（hm²）	占一级的（%）	面积（hm²）	占二级的（%）	面积（hm²）	占三级的（%）	面积（hm²）	占四级的（%）	面积（hm²）	占五级的（%）	
郸城县	26 233.07	31.76	56 231.91	24.43	30 322.64	5.75	759.40	1.09		0.00	113 547.03
扶沟县	350.97	0.42	6 258.16	2.72	76 219.97	14.46	11 489.21	16.51	25.67	33.79	94 343.98
淮阳县	2 704.79	3.27	14 450.10	6.28	85 101.77	16.15	8 004.64	11.50		0.00	110 261.29
鹿邑县	42 327.37	51.25	47 080.78	20.46	7 903.55	1.50		0.00		0.00	97 311.71
商水县		0.00	7 722.76	3.36	89 615.29	17.01	4 062.10	5.84		0.00	101 400.16
沈丘县		0.00	4 043.94	1.76	71 959.53	13.65	4 981.68	7.16		0.00	80 985.15

续表

| 县名称 | 一级 | | 二级 | | 三级 | | 四级 | | 五级 | | 总计 |
| | >200mg/kg | | 150~200mg/kg | | 100~150mg/kg | | 50~100mg/kg | | <50mg/kg | | |
	面积 (hm²)	占一级 的(%)	面积 (hm²)	占二级 的(%)	面积 (hm²)	占三级 的(%)	面积 (hm²)	占四级 的(%)	面积 (hm²)	占五级 的(%)	
太康县	9 836.22	11.91	69 271.66	30.10	59 019.61	11.20	2 174.00	3.12		0.00	140 301.49
西华县	435.69	0.53	12 568.51	5.46	40 495.54	7.68	36 343.82	52.22	50.30	66.21	89 893.86
项城市	704.15	0.85	12 535.72	5.45	66 354.93	12.59	1 777.22	2.55		0.00	81 372.02
(空白)		0.00		0.00		0.00		0.00		0.00	
总计	82 592.27	100.00	230 163.55	100.00	526 992.84	100.00	69 592.07	100.00	75.97	99.99	909 416.69

第三节 土壤养分丰缺指标

土壤养分丰缺指标的确定是测土配方施肥的前提。不同的土壤类型和环境条件，土壤的供肥能力不同，不同的作物对某一养分的需求量也不同。因此，土壤养分丰缺指标没有固定的数值，它因土壤类型、作物类别和环境条件的不同而不同。扶沟县大部分耕作土壤为潮土，主要种植作物为小麦、棉花、玉米、大豆、花生、红薯等。根据周口市的土壤属性，结合多年测土配方施肥经验，特制定扶沟县土壤养分丰缺指标，供施肥中参考。该指标分4个级别，不缺、较缺、缺和极缺。当某一养分达到"不缺"指标时，施入肥料后，无增产作用，不仅浪费肥料，严重者作物还会贪青、倒伏、造成减产。当达到"较缺"指标时，施肥后，增产效果较显著。但施肥量不能太多，过多时，也会造成减产，当达到"缺"指标时，施肥后，增产效果显著，若不施肥，就会影响作物的正常生长。当达到"极缺"指标时，施肥后，增产效果极显著，如不施肥，作物会因缺肥而造成严重减产。因此，在施肥时，应摸清土壤肥力状况，做到"有的放矢"有条件的可进行测土和配方施肥，以提高肥料利用率，达到丰产增收的目的（表7-13）。

表7-13 土壤有效磷、速效钾养分丰缺指标

养分 \ 指标	低	中	高	极高
相对产量	<75	75~85	85~95	>95
有效磷	<9	9~18	18~28	>28
速效钾	<70	70~120	120~180	>180

第四节 耕地地力资源利用类型区

一、耕地资源类型区划分原则

在对耕地地力评价过程中，通过因子评价，确定了地力等级，又在明确地力因子和地力等级分布的基础上划分了耕地资源类型区，找到不同资源类型区影响土壤肥力的障碍性问题，使耕地改良、培肥、利用有了针对性和方向性。耕地资源类型区划分的原则如下。

（1）土壤类型及质地构型的相似性。在耕地地力因子中，土壤类型和质地构型权重较高，是决定土壤肥力的主要因子，相似与否，对土壤特性影响较大。往往表现出土壤类型相似，质地构型相似，土壤特性也相似。

（2）存在问题和生产特点的一致性。耕地存在问题相同往往表现为生产特点相一致。如重壤土和黏土湿时粘着、平时坚硬，养分含量高，发老苗不发小苗的特点。浅位沙构型的土壤因保水保肥性能差，土壤养分较低的特点都是因存在问题相同表现的生产特点相同。

（3）改良方向和培肥措施相似性。改良方向和培肥措施的相对性是存在问题和生产特点一致性的延伸，因存在问题一致，造成生产特点一致，致使改良培肥措施一致。

（4）评价结果的接近性。因评价结果由组成耕地地力因子的权重、隶属度积分而来。评价结果接近说明耕地的生产水平和生产性能接近。

（5）地理位置区域性。只有明确资源类型区域，才能便于采取针对性措施，也便于耕地改良和培肥的组织指导。

（6）资源类型面积比例优势性。因影响耕地资源类型的因素并非一种，特别是土壤质地构型和耕层质地分布错综复杂，按照区域性原则，资源类型区划分在确保该区资源类型面积比例优势性的前提下，允许了与该区资源类型相近的其他资源类型出现。

二、耕地资源类型区

（一）西北黄泛区

本区位于周口全市的西北及中北部，包括西华、扶沟、淮阳等县，其土壤母质为1938年黄河西泛区大溜所形成的砂质沉积物，土壤类型主要是沙质潮土和小面积壤质潮土，土壤养分含量较低。

由于该类型区土壤质地较轻，加之质地构型均质轻壤、沙身轻壤、沙身中壤等不良构型较多，面积较大，心土层沙层较厚，土壤保水保肥性能较差，使得耕层土壤瘠薄。因此，质地较轻，水肥保持性能差是轻型质地培肥区土壤的主要障碍。

1. 立地条件（表7-14）

表7-14 周口市扶沟县、淮阳县、西华县立地条件

县名称	1.00	2.00	3.00	4.00	5.00	总计
扶沟县	202.32	1 703.82	24 356.38	12 094.46	55 986.99	94 343.98
淮阳县	2 373.85	5 373.95	40 747.25	33 980.61	27 785.62	110 261.29
西华县	2 838.88	10 740.66	26 890.70	28 909.60	20 514.02	89 893.86
总计	5 415.05	17 818.44	91 994.33	74 984.67	104 286.63	294 499.13
占该区面积（%）	1.84	6.05	31.24	25.46	35.41	100.00

县名称	省土属名称	质地
扶沟县	灰覆黑姜土	紧沙土
	泥沙质潮褐土	轻壤土
	石灰性潮壤土	轻黏土

县名称	省土属名称	质地
扶沟县	石灰性潮沙土	沙壤土
	石灰性潮黏土	中壤土
		重壤土
		重黏土
淮阳县	灰覆黑姜土	紧沙土
	灰青黑土	轻壤土
	石灰性潮壤土	轻黏土
	石灰性潮沙土	沙壤土
	石灰性潮黏土	中壤土
		重壤土
西华县	固定草甸风沙土	紧沙土
	灰潮黏土	轻壤土
	灰覆黑姜土	轻黏土
	灰黑姜土	沙壤土
	灰青黑土	中壤土
	氯化物潮土	重壤土
	泥沙质潮褐土	
	石灰性潮壤土	
	石灰性潮沙土	
	石灰性潮黏土	

2. 耕层理化性状（表7-15）

表7-15　耕层理化性状

县名称	有机质	有效磷	速效钾	pH 值
扶沟县	10.65	19.39	121.57	8.13
淮阳县	15.61	14.61	132.39	8.28
西华县	15.24	14.86	112.79	8.23
平均值	13.83	16.29	122.25	8.21

3. 灌溉保证率与排涝能力（表7-16）

表7-16　灌溉保证率与排涝能力

	灌溉保证率（hm²）			
县名称	100	60	80	总计
扶沟县	25 920.24	68 423.73	0.00	94 343.98
淮阳县	40 953.41	19.03	69 288.86	110 261.29
西华县	89 891.28	2.58	0.00	89 893.86
总计	156 764.94	68 445.34	69 288.86	294 499.13

县名称	排涝能力（hm²）		
	5	10	总计
扶沟县	0.00	94 343.98	94 343.98
淮阳县	19 882.85	90 378.44	110 261.29
西华县	42 009.66	47 884.20	89 893.86
总计	61 892.51	232 606.62	294 499.13

（二）西南砂姜黑土区

本区位于周口市西南部，主要包括商水全县和项城西南部，本区是东南部汾泉河流域和黑河下游。为湖积和冲积湖积平原，以砂姜黑土为主要土壤类型，本区土壤质地黏重，结构致密，土性冷、耕性差，但土壤养分适中。

1. 立地条件（表7-17）

表7-17 周口市商水县立地条件

县名称	1.00	2.00	3.00	4.00	5.00	总计
商水县		28 966.60	59 527.10	9 325.42	3 581.04	101 400.16
占该区面积（%）	0.00	28.57	58.71	9.20	3.53	100.00

县名称	省土属名称	质地
商水县	覆泥黑姜土	紧沙土
	黑姜土	轻壤土
	灰潮壤土	轻黏土
	灰潮黏土	中壤土
	灰覆黑姜土	重壤土
	灰黑姜土	
	灰青黑土	
	泥沙质潮褐土	
	青黑土	
	石灰性潮壤土	
	石灰性潮沙土	
	石灰性潮黏土	

2. 耕层理化性状（表7-18）

表7-18 耕层理化性状

县名称	有机质	有效磷	速效钾	pH值
商水县	15.86	15.00	124.63	7.30

3. 灌溉保证率与排涝能力（表7-19）

表7-19　灌溉保证率与排涝能力

县名称	灌溉保证率（hm²）			
	100	60	80	总计
商水县	101 400.16	0.00	0.00	101 400.16
	排涝能力（hm²）			
县名称	5	10		总计
商水县	101 400.16	0.00		101 400.16

（三）东南低洼区

该区土壤的特征特性为：耕层土壤质地黏重，质地构型多以均质重壤、均质黏土为主，有一定的沙身黏土地、砂底黏土、壤身重壤。心土层土壤质地多为重壤或轻黏。该类型土壤速效养分和潜在养分含量都较高，但由于耕性差，耕作阻力大，使得耕层普遍过浅；心土层土壤质地过于黏重，对水分上下移动有一定影响，耕层土壤易缺水干裂，容易发生干旱，也容易形成涝灾。所以，土壤耕层过浅和易旱易涝是该类型土壤地力提升的主要障碍因子。主要分布在汾河沿线的较低洼地带，分布项城市、沈丘县中南部。

1. 立地条件（表7-20）

表7-20　周口市项城市、沈丘县立地条件

县名称	1.00	2.00	3.00	4.00	5.00	总计
项城市	25 746.99	16 365.05	30 349.70	3 057.83	5 852.45	81 372.02
沈丘县	14 967.80	15 554.22	40 015.69	1 978.14	8 469.30	80 985.15
总计	40 714.79	31 919.27	70 365.39	5 035.97	14 321.75	162 357.17
占该区面积（%）	25.08	19.66	43.34	3.10	8.82	100.00

县名称	省土属名称	质地
	覆泥黑姜土	轻壤土
	黑姜土	轻黏土
	洪积潮土	中壤土
	灰覆黑姜土	重壤土
	灰黑姜土	
	灰青黑土	
沈丘县	青黑土	
	湿潮黏土	
	石灰性潮壤土	
	石灰性潮黏土	

续表

县名称	省土属名称	质地
	覆泥黑姜土	轻壤土
	黑姜土	轻黏土
	洪积潮土	中壤土
	灰潮壤土	重壤土
	灰潮黏土	
	灰覆黑姜土	
项城市	灰黑姜土	
	灰青黑土	
	泥沙质潮褐土	
	青黑土	
	湿潮黏土	
	石灰性潮壤土	
	石灰性潮黏土	

2. 耕层理化性状 （表 7 - 21）

表 7 - 21 耕层理化性状

县名称	有机质	有效磷	速效钾	pH 值
沈丘县	17.14	12.17	124.46	8.19
项城市	15.43	17.76	134.01	7.12
平均值	16.28	14.97	129.24	7.65

3. 灌溉保证率与排涝能力 （表 7 - 22）

表 7 - 22 灌溉保证率与排涝能力

灌溉保证率 （hm²）			
县名称	100	60	80	总计
沈丘县	0.00	0.00	80 985.15	80 985.15
项城市	32 202.21	0.00	49 169.81	81 372.02
总计	32 202.21	0.00	130 154.96	162 357.17

排涝能力 （hm²）		
县名称	5	10	总计
沈丘县	334.42	80 650.73	80 985.15
项城市	32 374.32	48 997.70	81 372.02
总计	32 708.74	129 648.42	162 357.17

（四）东北区

该区位于周口东北部，主要包括鹿邑大部、太康和郸城北部，是主要粮食生产区，主要土壤类型是黏质潮土、黏质灰潮土和冲积湿潮土，土层深厚，质地重壤至黏土，保水肥耕层养分丰富。

1. 立地条件（表7-23）

表7-23 周口市鹿邑县、郸城县、太康县立地条件

县名称	1.00	2.00	3.00	4.00	5.00	总计
鹿邑县	41 083.49	1 471.01	44 215.93	4 650.02	5 891.25	97 311.71
郸城县	41 179.79	4 594.19	53 550.31	528.99	13 693.76	113 547.03
太康县	0.00	11 162.41	58 279.78	56 712.30	14 147.01	140 301.49
总计	82 263.28	17 227.61	156 046.01	61 891.31	33 732.02	351 160.23
占该区面积（%）	23.43	4.91	44.44	17.62	9.61	100.00

县名称	省土属名称	质地
鹿邑县	洪积潮土	轻壤土
	灰潮黏土	轻黏土
	灰覆黑姜土	中黏土
	石灰性潮壤土	中壤土
	石灰性潮黏土	重壤土
郸城县	洪积潮土	轻壤土
	灰覆黑姜土	轻黏土
	灰黑姜土	沙壤土
	灰青黑土	中壤土
	石灰性潮壤土	重壤土
	石灰性潮沙土	
	石灰性潮黏土	
太康县	氯化物潮土	紧沙土
	石灰性潮壤土	轻壤土
	石灰性潮沙土	轻黏土
	石灰性潮黏土	沙壤土
		中壤土
		重壤土

2. 耕层理化性状（表7-24）

表7-24 耕层理化性状

县名称	有机质	有效磷	速效钾	pH 值
太康县	11.56	18.40	154.44	8.05
郸城县	18.15	15.09	172.62	8.03
鹿邑县	16.49	16.99	188.86	7.97
平均值	15.40	16.83	171.97	8.02

3. 灌溉保证率与排涝能力（表7-25）

表7-25　灌溉保证率与排涝能力

灌溉保证率（hm²）			
县名称	100	60	80	总计
鹿邑县	0.00	0.00	97 311.71	97 311.71
郸城县	0.00	0.00	113 547.03	113 547.03
太康县	9 025.18	126 937.69	4 338.63	140 301.49
总计	9 025.18	126 937.69	215 197.36	351 160.23

排涝能力（hm²）		
县名称	5	10	总计
鹿邑县	31 963.70	65 348.00	97 311.71
郸城县	45 048.58	68 498.45	113 547.03
太康县	0.00	140 301.49	140 301.49
总计	77 012.28	274 147.95	351 160.23

三、中低产田面积及分布

这次耕地地力评价结果，周口市耕地地力共分5个等级。其中，一等地128 393.12 hm²，占全市耕地面积的14.12%；二等地95 931.92 hm²，占全市耕地面积的10.55%；三等地377 932.83 hm²，占全市耕地面积的41.56%；四等地151 237.37 hm²，占全市耕地面积的16.63%。五等地155 921.44 hm²，占全市耕地面积的17.15%。

其中，一等、二等地为高产田，耕地面积224 325.04 hm²，占全市总耕地面积的24.67%；三等、四等地为中产田，面积529 170.20 hm²，占全市总耕地面积的58.2%；五等地为低产田，面积155 921.44 hm²，占全市总耕地面积的17.15%。

周口市的中低产田分布情况为：全市县点片分布（表7-26、表7-27）。

表7-26　周口市中低产田分布情况

县名称	4		5		总计	
	面积（hm²）	占的比例（%）	面积（hm²）	占的比例（%）	面积（hm²）	占的比例（%）
郸城县	528.99	0.35	13 693.76	8.78	113 547.03	12.49
扶沟县	12 094.46	8.00	55 986.99	35.91	94 343.98	10.37
淮阳县	33 980.61	22.47	27 785.62	17.82	110 261.29	12.12
鹿邑县	4 650.02	3.07	5 891.25	3.78	97 311.71	10.70
商水县	9 325.42	6.17	3 581.04	2.30	101 400.16	11.15
沈丘县	1 978.14	1.31	8 469.30	5.43	80 985.15	8.91
太康县	56 712.30	37.50	14 147.01	9.07	140 301.49	15.43
西华县	28 909.60	19.12	20 514.02	13.16	89 893.86	9.88

续表

县名称	4		5		总计	
	面积（hm²）	占的比例（%）	面积（hm²）	占的比例（%）	面积（hm²）	占的比例（%）
项城市	3 057.83	2.02	5 852.45	3.75	81 372.02	8.95
总计	151 237.37	100.00	155 921.44	100.00	909 416.69	100.00

表7-27 周口市中低产田地产等级

县地力等级	省土种名称	郸城县	扶沟县	淮阳县	鹿邑县	商水县	沈丘县	太康县	西华县	项城市	总计
4	底壤沙壤土		100.70					77.99	9 172.11		9 350.81
	底沙灰两合土					66.96					66.96
	底沙两合土			739.67	525.79	1 767.33			215.82		3 248.62
	底黏灰小两合土					2 070.61					2 070.61
	底黏沙壤土		370.68	18.35				261.88	393.38		1 044.29
	底黏小两合土			395.57							395.57
	黑底潮壤土	78.94			1 547.25		568.84			398.22	2 593.26
	氯化物轻盐化潮土								64.07		64.07
	浅位厚沙小两合土	179.79	160.67						1 411.24	118.14	1 869.84
	浅位厚沙淤土	182.58	2 890.92	1 455.46	209.29	88.58		11 973.16	144.36		16 944.35
	浅位壤沙质潮土			69.49				21.22	3 414.73		3 505.44
	浅位沙两合土	42.90	339.29	5 656.33	816.25	654.49	81.04	315 39.77	6 172.28	392.19	45 694.54
	浅位沙小两合土			1 538.98			119.63	27.80			1 686.42
	浅位沙淤土			12.45							12.45
	浅位少量砂姜黑土					1 597.11	1 186.38			851.28	3 634.77
	浅位少量砂姜石灰性沙					139.64			819.56		959.20
	浅位黏沙壤土								63.80		63.80
	壤质潮褐土		819.14			2 940.70			5 803.18	1 172.20	10 735.22
	沙壤土	18.06	7 347.88	21 787.61				2 019.05	172.83		31 345.43
	石灰性青黑土	25.69									25.69
	小两合土	1.03	65.17	3 858.11			22.25	10 791.42	1 062.24	125.79	15 926.02
4汇总		528.99	12 094.46	33 980.61	4 650.02	9 325.42	1 978.14	56 712.30	28 909.60	3 057.83	151 237.37
5	底壤沙壤土								4 590.43		4 590.43
	固定草甸风沙土								578.16		578.16
	黑底潮壤土						49.48			221.56	271.05
	氯化物轻盐化潮土							247.93			247.93
	浅位厚沙小两合土	11 508.14	4 645.85	112.23	392.83		2 829.55	2 817.11	6 882.34	5 595.79	34 783.84
	浅位壤沙质潮土			56.27		110.36			621.47		788.10
	浅位沙两合土			178.31	831.04				153.52		1 162.86

县地力等级	省土种名称	郸城县	扶沟县	淮阳县	鹿邑县	商水县	沈丘县	太康县	西华县	项城市	总计
	浅位沙小两合土	5.86	588.77		2 073.54		13.64				2 681.81
	浅位少量砂姜黑土									35.10	35.10
	壤质潮褐土		201.72								201.72
	沙壤土	217.97	27 238.33	27 438.82				7 764.62	62.19		62 721.94
	沙质潮褐土		136.34								136.34
	沙质潮土		167.45								167.45
	小两合土	1 961.79	23 008.54		2 593.85	3 470.68	5 576.62	3 317.34	7 625.91		47 554.73
5汇总		13 693.76	55 986.99	27 785.62	5 891.25	3 581.04	8 469.30	14 147.01	20 514.02	5 852.45	155 921.44
总计		113 547.03	94 343.98	110 261.29	97 311.71	101 400.16	80 985.15	140 301.49	89 893.86	81 372.02	909 416.69

县地力等级	耕层质地	郸城县	扶沟县	淮阳县	鹿邑县	商水县	沈丘县	太康县	西华县	项城市	总计
4	紧沙土			69.49				21.22	3 414.73		3 505.44
	轻壤土	259.77	1 044.98	4 253.68	3 086.23	5 011.31	710.73	10 819.22	8 340.73	1 814.35	35 341.01
	轻黏土	208.27	2 890.92	1 455.46	209.29	1 685.69	1 186.38	11 973.16	144.36	851.28	20 604.81
	沙壤土	18.06	7 819.27	21 805.96				2 358.92	9 802.12		41 804.33
	中壤土	42.90	339.29	6 396.01	1 342.04	2 488.79	81.04	31 539.77	6 388.10	392.19	49 010.13
	重壤土			12.45		139.64			819.56		971.65
4汇总		528.99	12 094.46	33 980.61	4 650.02	9 325.42	1 978.14	56 712.30	28 909.60	3 057.83	151 237.37
5	紧沙土		167.45	56.27		110.36			1 199.63		1 533.71
	轻壤土	13 475.78	28 444.87	112.23	5 060.22	3 470.68	8 469.30	6 382.38	14 508.25	5 817.35	85 741.07
	轻黏土									35.10	35.10
	沙壤土	217.97	27 374.67	27 438.82				7 764.62	4 652.62		67 448.70
	中壤土			178.31	831.04				153.52		1 162.86
5汇总		13 693.76	55 986.99	27 785.62	5 891.25	3 581.04	8 469.30	14 147.01	20 514.02	5 852.45	155 921.44
总计		113 547.03	94 343.98	110 261.29	97 311.71	101 400.16	80 985.15	140 301.49	89 893.86	81 372.02	909 416.69

县地力等级	质地构型	郸城县	扶沟县	淮阳县	鹿邑县	商水县	沈丘县	太康县	西华县	项城市	总计
4	夹黏沙壤								63.80		63.80
	夹沙轻壤	78.94			3 086.23		688.48	10 819.22		398.22	15 071.09
	夹沙中壤	25.55	135.70		41.78	40.49	81.04	56.80	194.12		575.46
	夹沙重壤				12.45						12.45
	均质黏土	25.69				1 597.11	1 186.38			851.28	3 660.46
	均质轻壤		768.01	3 858.11					5 803.18	125.79	10 555.10
	均质沙壤	18.06	7 399.01	21 787.61				2 019.05	172.83		31 396.56
	黏底轻壤			395.57	2 070.61						2 466.18
	黏底沙壤		370.68	18.35				261.88	393.38		1 044.29

县地力等级	质地构型	郸城县	扶沟县	淮阳县	鹿邑县	商水县	沈丘县	太康县	西华县	项城市	总计
	壤底沙壤		100.70					77.99	9 172.11		9 350.81
	壤底重壤					139.64			819.56		959.20
	壤身沙土			69.49				21.22	3 414.73		3 505.44
	沙底中壤			739.67	525.79	1 834.30			215.82		3 315.59
	沙身黏土	182.58	2 890.92	1 455.46	209.29	88.58		11 973.16	144.36		16 944.35
	沙身轻壤	180.82	225.84				22.25		2 537.55	118.14	3 084.61
	沙身中壤	17.35	203.60	5 656.33	774.47	614.00		31 482.98	5 978.15	392.19	45 119.08
	黏底轻壤					2 940.70				1 172.20	4 112.90
4 汇总		528.99	12 094.46	33 980.61	4 650.02	9 325.42	1 978.14	56 712.30	28 909.60	3 057.83	151 237.37
5	夹沙轻壤	5.86			2 073.54		63.13	3 317.34		221.56	5 681.43
	均质黏土									35.10	35.10
	均质沙壤	217.97	27 576.38	27 438.82				7 764.62	62.19		63 059.99
	均质沙土		167.45						578.16		745.62
	壤底沙壤								4 590.43		4 590.43
	壤身沙土			56.27		110.36			621.47		788.10
	沙身轻壤	13 469.93	28 243.16	112.23	2 986.68	3 470.68	8 406.17	3 065.04	14 508.25	5 595.79	79 857.92
	沙身中壤			178.31	831.04				153.52		1 162.86
5 汇总		13 693.76	55 986.99	27 785.62	5 891.25	3 581.04	8 469.30	14 147.01	20 514.02	5 852.45	155 921.44
总计		113 547.03	94 343.98	110 261.29	97 311.71	101 400.16	80 985.15	140 301.49	89 893.86	81 372.02	909 416.69

第八章 耕地资源合理利用的对策与建议

通过这次耕地地力评价，摸清了全市耕地地力状况和质量水平，初步查清了周口市耕地管理和利用等方面存的问题。为了将耕地地力评价成果及时应用于指导农业生产，有针对性地解决当前农业生产中存在的问题，现从耕地地力改良利用、耕地资源合理配置与种植业结构优化调整、科学施肥、耕地质量管理等方面提出对策与建议。

第一节 耕地地力建设与土壤改良利用

一、耕地利用现状

周口是一个粮食生产大市，是国家重要的商品粮生产基地。全市常年粮食播种面积1 800万亩左右，其中，小麦播种面积1 000万亩左右，玉米700万亩左右。粮食总产稳定在70亿 kg 以上，约占全省的1/7，多年来均居河南省第一位，每年为国家提供商品粮及粮食制品近50亿 kg。

二、耕地地力建设与改良利用

耕地地力评价的目的是通过评价，找出影响耕地质量的因子，通过有针对性的加强、修正或改良这些因子实现耕地质量的提高。因此，耕地地力建设与改良利用围绕耕地资源类型区建设改良和中低产田的改良，针对土壤立地条件和土壤管理，以提高土壤肥力，促进质地构型的良性改变，强化土壤管理为主要措施提出耕地地力建设与改良利用的意见与建议。

（一）耕地资源类型区改良

1. 轻型质地培肥区

该类型区的特征特为：耕层质地轻，多为沙壤、轻壤，沙土、松沙土、少部分中壤，质地构型多为沙身型和夹沙型，部分为底沙型，均质型多为均质轻壤、均质沙壤、均质沙土型，土壤速效养分和潜在养分均较低，主要障碍因素是心土层土壤质地较轻，保水保肥性能差。改良措施为如下。

（1）实行秸秆还田。秸秆还田要规范技术措施，强化措施落实，在小麦实行高留茬的基础上，实行麦秸、麦糠就地覆盖还田，实行玉米秸秆就地粉碎还田。每年秸秆还田量不少于50%，坚持长期实行秸秆还田。

（2）全面施用有机肥。每公顷每年施用优质有机肥 30 000～45 000kg，连续 3 年以上。

（3）保持耕层相对稳定，注意营造犁底层。耕层厚度为 20～25cm 为宜，提倡实行翻耕。

（4）加强田间灌溉工程建设。田间灌溉工程建设标准达到井灌年保灌 6 次以上。

（5）配方施肥。在秸秆还田和施用有机肥的基础上，科学施用氮肥，注意施用磷、钾肥。在施肥方法上要针对土壤保肥保水能力差的特点，根据肥料特性，作物需肥规律，采取少量多次的施肥方法，减少养分流失。

（6）种植适宜品种。以小麦、玉米为例，除选择具有一般品种具备的特性外，注意选择生育期适宜、抗旱性较好，灌浆快，熟相好的品种种植，利用作物的高产稳产特性提高单位面积产量。

2. 中壤类型质地培肥提升区

中壤类型质地培肥提升区土壤的特征特性为：土壤类型主要为中壤，质地构型以均质中壤为主，兼有夹沙中壤、沙身中壤、沙底中壤、黏身中壤。其特征特性为：土壤耕性较好，养分含量一般，保水保肥性能总体水平一般，部分土壤保水保肥性能较差，土壤养分间和质地构型间参差不齐，存在一定的水平差异。因此，部分土壤质地构型不良，土壤养分水平差异大是该类型土壤地力提升的主要障碍因子。主要改良措施如下。

（1）全面增施有机肥。每公顷年施有机肥 30 000 ~ 45 000kg，坚持连续施用 5 年以上，或长期施用。

（2）增加测土配方施肥覆盖率。针对土壤养分和质地构型参差不齐和水平差异大，采取缩小取样单元，缩小取土间隔年限，以提高施肥的准确性和针对性。

（3）实行秸秆还田。秸秆还田在小麦高留茬的基础上，单位面积小麦、玉米秸秆还田量确保 50% 以上。秸秆还田连续 5 年以上。

（4）加深耕层。采用逐年加深耕层的方法，耕层加深到 25 ~ 30cm。

（5）加强灌排工程建设。灌溉工程达到以井灌为主，年保灌率 5 次以上。排水工程使干、支、渠相配套，达到 10 年一遇的排涝能力。

3. 重壤类型改良培肥提升区

该区土壤的特征特性为：耕层土壤质地黏重，质地构型多以均质重壤、均质黏土为主，有一定的砂身黏土地、沙底黏土、壤身重壤。心土层土壤质地多为重壤或轻黏。该类型土壤速效养分和潜在养分含量都较高，但由于耕性差，耕作阻力大，使得耕层普遍过浅；心土层土壤质地过于黏重，对水分上下移动有一定影响，耕层土壤易缺水干裂，容易发生干旱，也容易形成涝灾。所以，土壤耕层过浅和易旱易涝是该类型土壤地力提升的主要障碍因子。改良措施如下。

（1）实行秸秆还田。通过增加耕层土壤有机质，以促进耕层土壤团粒结构的形成，进而改善耕层土壤的水、肥、气、热状况。秸秆还田，要在小麦高留茬 15 ~ 20cm 的基础上，实行麦秸、麦糠就地覆盖还田和玉米秸秆就地粉碎还田。秸秆还田时，做到单位面积的秸秆还田量不少于 50%，秸秆还田连续 5 年以上。

（2）加深耕层。通过加深耕层，增强土壤的蓄水保水能力，扩大作物根系活动范围，增强作物对水肥的吸收。加深耕层要采取逐渐加深的方法，每年耕深增加 3 ~ 5cm，直至耕深至 25 ~ 30cm。

（3）增施有机肥。每公顷每年施用优质有机肥 30 000 ~ 45 000kg，连续 3 ~ 5 年。

（4）加强灌排工程建设。田间排水工程要做到干渠、支渠、毛渠、斗渠相互配套，达到 10 年一遇的排涝能力；田间灌溉工程建设达到年浇灌 5 次以上。

（5）配方施肥。在实行秸秆还田和增施有机肥的基础上，加强配方施用。配方施用中宜科学施用氮肥，合理施用磷肥，准确节约钾肥。通过增产节肥实现增产增效和节肥增效。

（6）提高土壤熟化程度。精耕细作，合理轮作倒茬，发展畜牧业生产，增施有机肥，加深土壤耕层。

（二）中低产田改良

改造中低产田，要摸清中低产田的低产原因，分析障碍因素，抓住主要矛盾，因地制宜采取改良措施。根据中华人民共和国农业行业标准 NY/T310—1996，结合耕地土壤的具体情况，商水的中低产田存在的主要障碍类型为障碍层次型，主要障碍层为沙漏层和砂姜层。

（1）沙漏瘠薄地。分布形态为：市境中部、沙河沿岸、市境西北部、北部、东北部分布密度较大。地型中低产田与土壤质地、质地构型、成土过程等有着密切的联系。该类土表层质地多为轻壤，以下为轻壤或中壤。土壤保水保肥能力不强，养分含量一般，其主要改良培肥措施如下。

①增施有机肥料：每公顷年施用量 30 000～45 000kg，连续 5 年以上，用地养地相结合，培肥土壤。该类土壤一般比较瘠薄，可增施猪粪等有机肥。有机肥中的腐殖质是亲水胶体物质，能吸收大量水分。由于腐殖质胶体具有多功能基因，可与土壤溶液中阳离子进行交换，使这些离子不致流失。因此，增施有机肥不但直接补充了沙化土壤的养分，而且可明显提高沙化土壤的保水、保肥性能，克服松散性，增加水稳性团粒结构。

②合理施用化肥：通过测土配方施肥调整氮、磷、钾施用比例，平衡土壤养分。健全田间灌溉系统。完善以井灌、渠灌为主的田间灌溉基础设施配套。

（2）姜黏渍地。分布形态为：市境南部一面。该区虽与土壤质地和质地构型有关，但与土壤管理和施肥的关系更大。从土壤类型在中低产田中所占比例可以看出，一部分瘠薄型中低产田长期疏于培肥，疏于管理，有机肥投入不足，施肥不平衡、不合理是形成土壤瘠薄的重要原因。其改良培肥措施如下。

①实行秸秆还田：秸秆还田是提高土壤有机质含量，改善土壤结构，培肥土壤，提高养分利用率的主要措施。通过秸秆还田促进土壤养分提升，秸秆还田在小麦高留茬的基础上，以麦秸麦糠还田、玉米秸秆粉碎就地还田等方法，确保单位面积秸秆还田量在 60% 以上。秸秆还田连续 5 年以上。

②改善耕作措施，改善耕层理化性状：在瘠薄型中低产类型中，心土层质地多为重壤，可以通过逐年加深改耕层的方法，促进理化性状的改善。

③测土配方施肥：通过测土配方施肥保证土壤养分协调、平衡、提高。

④增施有机肥：有机肥每公顷年施用量 30 000～45 000kg，连续 5 年以上。半分解的有机质能使土壤疏松，土壤孔隙度增加。由于腐殖质的黏结力和黏着力均明显低于黏粒。因此有机肥能降低黏土的黏性，从而改善黏土的通透性和耕性。

⑤加强农田基本建设：提高土地的灌溉排涝能力，用井水灌溉保证率达到年浇 5 遍以上；排涝能力达到干、支、斗、毛渠相配套，标准达到五年一遇。

第二节 耕地资源合理配置与农业结构调整

依据耕地地力评价结果，参照周口市土壤类型、自然生态条件、耕作制度和传统耕作习惯，在分析耕地、人口、农业生产效益的基础上，在保证粮食产量不断增加的前提下，提出周口市农业结构调整计划。

一、切实稳定粮食生产

（一）确保小麦、玉米种植面积的稳定

小麦、玉米是周口市传统栽培的两大粮食作物。周口市的土壤和自然气候条件较适合小麦、玉米生产。小麦、玉米生产表现为产量高、品质好，是周口市粮食的两大优势作物。根据耕地地力评价结果，5 个等级的耕地均适合种植小麦、玉米，因此，要确保小麦、玉米面积的稳定。小麦面积宜稳定在 1 000 万亩以上，夏玉米面积宜稳定在 800 万亩以上。通过稳定小麦和夏玉米种植面积，以使稳定粮食生产有基础保证。

（二）改善耕地不良因子，提高单位面积粮食产量

虽然四个等级耕地均适合小麦、玉米生产，但不同等级耕地的生产水平、生产潜力不同。原因在于影响耕地质量的因子水平。因此，要采取针对措施，通过改善耕地不良因子，促进实现单位面积粮食产量的提高。一等地、二等地均有重壤土、中壤土所组成，土壤质地构型多为均质型和底沙型，具有土层深厚，保水保肥，养分含量较高的特点，但一、二等地耕作层较浅，遇旱时地表龟裂，旱象严重，易造成因旱减产。对此，要以加深耕层、秸秆还田、增施有机肥、实现灌溉为主要措施，进一步提高土壤肥力，确保稳产高产。三等地虽以重壤和中壤质地为主，但由于质地构型中浅位砂层现象较明显，土壤肥力不及一等地和二等地，对此要以秸秆还田和增施有机肥为主要措施增加土壤有机质含量，因地制宜加深耕层，改善管理条件，提高土壤肥力，确保稳产高产。四等地一般多为土壤质地较轻，或有浅位沙身，质地构型不良，土壤肥力较低，对此要以增施有机肥和秸秆还田为主要措施，在因地制宜加深耕层的同时，赢造犁底层，进一步改善管理措施，通过提高土壤肥力和土壤管理，在确保稳产的同时，促进实现高产。

（三）综合运用农业新技术，开展高产创建，促进粮食高产

如综合运用土地资源优势，良种增产优势以及栽培、植保方面的农业生产新技术、新成果，开展高产创建，组织高产攻关，力争亩产实现小麦 700kg 以上，玉米 800kg 以上，进而带动全市亩产实现小麦 600kg 以上，玉米 700kg 以上，实现粮食生产的新突破。

二、利用土地资源优势，发展特色农业生产

发展特色农业生产首先要利用好耕地资源，充分发挥耕地的生产优势，在群众乐于搞，能搞好的前提下，争取单位耕地生产效益的增加。

（一）以一等地、二等地为主加速发展优质小麦生产

由于一等地和二等地以重壤和中壤质地为主，质地构型多为均质类型和底沙类型，保水保肥，土壤肥力较高，尤其钾素含量均在 120mg/kg 以上。根据优质小麦生产需钾较多的特

点，一、二等耕地种植优质小麦可以节约钾肥投入，实现优质高产。优质小麦生产有望成为周口市农业生产的一个特色予以发展。发展优质小麦生产要在明确目的的基础上，实现区域种植，做好市场连接，确保优质小麦种植效益。

（二） 以一等地、二等地为主扩大建立小麦良种繁育区

鉴于一、二等地质地构型较好，土壤肥力高，小麦生产表现灌浆充分、籽粒均匀、籽粒色泽好的特点和小麦良种更新快、常年依靠外地购进的情况，宜以一、二等耕地为主建立小麦良种繁育区。以解决全市小麦良种供应，并通过扩大建立小麦良种繁育区形成本市小麦良种特色，增加种植效益和农民收入。小麦良种繁育区的扩大建立要在明确指导思想的基础上，实行区域化生产，采取具有一定资质的人员领办或参与领办的方法组织实施，依法进行管理。

（三） 以三等地为主建立杂交棉生产基地

杂交棉是近年来棉花育种的一项新成果。种植杂交棉是提高皮棉产量和品质的一项新突破。杂交棉种植已遍及全国。根据杂交棉生产需要的自然条件和生产特点，周口市宜以三等地为主发展杂交棉生产。一是三等地多有重壤和中壤组成，耕地土壤钾含量较丰富，一般速效钾含量在 130mg/kg 左右，可以在减少钾肥投入的同时促进棉花获得高产，并能较好的促进棉花的正常成熟、开裂吐絮，有利于保证棉花质量。二是三等地浅位有沙层，致使其淤不过粘或壤质适中，所以，大部分三等地的耕层有着较好的耕性，棉花栽培较易获得壮苗早发，打好丰产架子，淤不过黏或壤质适中的特性还有利于棉花生产管理。三是三等地的浅位砂层易形成土壤温差变化，利于棉花生长。

（四） 以四等地为主。四等地多为轻壤和中壤质地，浅位有沙层出现

虽然四等地肥力较低，但土地易耕易管，容易抓苗，易于形成早发壮苗。据此特点，以四等地为主可以发展蔬菜、林木苗圃、花生生产。一是以半保护性栽培发展蔬菜、西瓜；二是以保护性栽培发展反季节蔬菜；三是发展以杨树苗为主的林木苗圃生产；四是发展以桃树、梨树、苹果、葡萄为主导的林果业。蔬菜、苗圃、林果生产都要以市场运作为前提进行区域化和规模化种植。政府部门要给予必要的资金支持和政策支持，扶植发展相应的农业合作组织。农技部门要做好生产技术指导，解决种植区群众的技术之忧。

三、创新农业发展机制

（一） 创新土地流转机制

创新土地流转机制，探索土地使用权流转方式要以推进农业规模经营，促进农业增效和农民增收为目的，做到操作合法，农民自愿，农民受益。一是要依法规范操作，严格遵守并执行《土地承包法》等有关法律法规，切实保障农民的土地承包权、使用权、无论何种形式的流转，都要在稳定农民长期承包使用权的基础上进行。二是按照"自愿、互利、共赢"的原则，积极引导农民进行土地互换、互租。三是确保农民受益。在土地流转方面，把农户的利益放在首位，切实让农民从中得到实惠。

（二） 创新发展农业合作组织

农业合作组织是进行规模生产，开展农产品贸易，抗御市场风险，保障生产效益的有效组织形势。对农业合作组织要积极引导，规范管理，帮助发展。

第三节 科学施肥

一、以施肥指标体系，统领全市农作物施肥

田间试验主要包括土壤养分丰缺指标试验和氮肥试验等。通过田间试验得到不同作物、不同养分基础、不同产量水平的施肥指标，建立施肥指标体系。对由于生产的发展和年限的更迭引起的土壤养分、产量目标的变化，采用新的试验数据对施肥指标体系进行修正，使施肥指标体系保持完善。由于施肥指标体系是不同作物、不同土壤养分基础、不同产量水平的试验得到，施肥指标具备了不同作物、不同养分基础、不同产量施肥水平的概括性、代表性和可参照性。

二、以数字程序化的先进手段开展测土配方施肥

通过耕地地力评价，将全市土壤划分了等级类型，知道了耕地地力因子的组成及因子水平，进行了数字程序化处理，测土配方施肥只需应用程序便可得到不同作物的目标产量、施肥种类、施肥数量和施肥方法。对由于生产的发展和年度的更迭引起的土壤养分和目标产量变化，一般 3～5 年对耕地地力因子水平进行一次修正或校正。以保证测土配方施肥数字程序化的长期性、准确性。

三、运用站企联合的测土配方施肥机制

因测土配方施肥需大量的与土壤类型、养分水平、目标产量相适应的配方肥料或复合肥料。站企联合机制将是科学制定肥料配方，引导肥料市场，农民施肥合理，开展好测土配方施肥的重要一环。农业土壤肥料部门将肥料配方提供给企业生产或购进，进行市场指导；肥料企业以便生产或购进对路的肥料。

四、继承创新传统施肥

传统施肥在周口市主要是施用有机肥，其肥料种类主要有厩肥、人类尿、草木灰、垃圾堆沤肥等，目的是向土壤补充一定养分和有机质。其中，厩肥、草木灰是以农作物秸秆改变得到的，所以，在继承创新传统施肥中提出推广以下几点建议。

（1）充分利用秸秆资源，实行秸秆还田。小麦秸秆和玉米秸秆是周口市的两大秸秆，面积大，数量多，易腐熟，养分全，是耕地不可多得的有机质来源。秸秆还田以单位面积 50%～100% 的还田量长年坚持。

（2）厩肥要经堆沤后施用。

（3）人类尿要随施随埋或堆沤后施用。

（4）垃圾堆沤肥中要踢除塑料制品，减少土壤污染。

第四节　耕地质量管理

一、依法对耕地质量进行管理

1. 贯彻执行国家有关法律法规

要按照《国家土地法》《基本农田保护条例》中有关耕地和耕地质量的有关条文，依法对耕地和耕地质量开展管理，严禁破坏耕地和损害耕地质量的现象，确保农业生产安全，确保农业生产基础的稳定。

2. 建立耕地质量保护制度

（1）建立耕地土壤养分监测制度。土壤养分监测要在建好国家、省级监测网点的同时，根据周口市的土壤种类和分布情况建立耕地土壤养分监测点。周口市耕地土壤养分监测以土种为单位开展监测，根据土种面积大小，每个土种监测点设置 3~15 个不等。监督时间间隔为一年。每年耕地土壤养分监测数据及变化趋势，农业局要及时向社会发布，以便在引导农业生产的同时，实现耕地土壤养分的预警防范。

（2）制定土壤污染防控措施，防止土壤污染。从引起土壤污染的因素条件着手，制定出防控标准和防控措施。如农业灌溉用水标准，塑料制品垃圾中重金属离子标准、污水排放标准、肥料中的游离酸含量标准、化肥和农药的使用标准等都要实行红线预警，防患于未然。

（3）建立耕地质量保护奖惩制度。建立耕地质量保护奖惩制度条款的同时，建立好市、乡、村三级耕地质量保护目标责任制度。对照目标责任落实好坏，分别给予奖励或惩罚。在耕地质量保护奖惩措施中，对一些破坏土地严重的要予以重罚，直至追究法律责任。

二、培肥土壤，提高耕地质量

（1）扩大还田面积，坚持实行秸秆还田。要充分利用周口市的麦秸麦糠和玉米秸秆资源开展秸秆还田。秸秆还田要在目前小麦高留茬和小麦、玉米秸秆部分还田的基础上，扩大还田面积和还田数量。让秸秆还田成为一项农业生产常用措施长年应用。

（2）增施有机肥。利用有机肥中的腐殖质、腐殖酸改善土壤理化性状。

（3）因地制宜改善耕作制度。对心土层为重壤或黏土的土壤宜加深耕层至 30cm 左右；对心土层为沙壤的土壤，宜使耕层长年保持在 25cm 左右，以便在 30cm 深处形成犁底层。

（4）测土配方施肥。根据测土配方施肥机制，使配方施肥在促进作物高产的同时，保持土壤养分稳定、平衡提升。

（5）搞好农田基本建设。农田基本建设灌溉能力以年浇灌 5 次以上，排涝能力达到五年一遇至十年一遇。

附　图

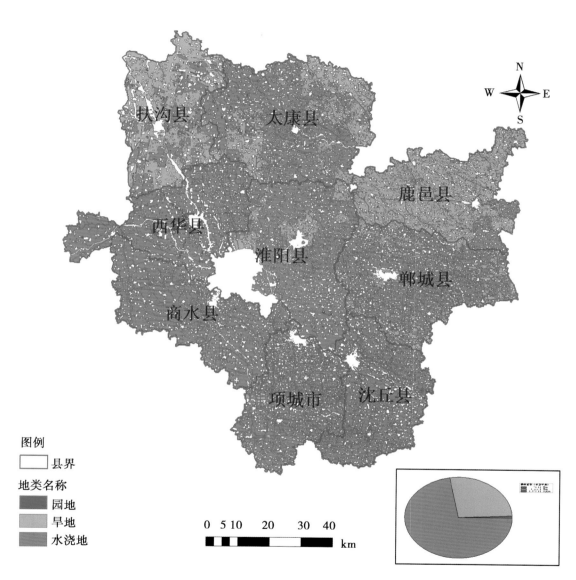

图例

☐ 县界

地类名称

■ 园地
■ 旱地
■ 水浇地

0 5 10　　20　　30　　40
km

附图 1　周口市耕地分布

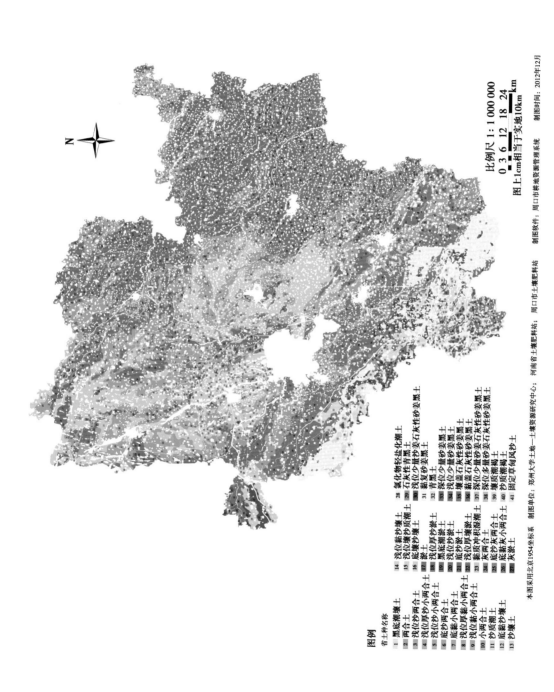

图例

省土种名称

1. 黑底盐化潮土
2. 两合土
3. 浅位沙两合土
4. 浅位沙小两合土
5. 底位沙小两合土
6. 黑底沙两合土
7. 底黏小两合土
8. 浅位厚黏小两合土
9. 浅位沙壤潮土
10. 小两合土
11. 底质潮土
12. 底黏砂壤土
13. 砂壤土

14. 浅位黏砂壤土
15. 浅位沙壤砂质潮土
16. 底壤砂壤土
17. 淤土
18. 浅位厚沙淤土
19. 黑底潮淤土
20. 浅位沙淤土
21. 底沙淤土
22. 浅位厚沙淤土
23. 浅质冲积湿潮土
24. 灰两合土
25. 底壤砂灰两合土
26. 底黏灰小两合土
27. 灰淤土

28. 氯化物经盐化潮土
29. 石灰性青黑土
30. 浅位少量沙美石灰性砂姜黑土
31. 黏复沙姜黑土
32. 青黑土
33. 浅位少量沙姜黑土
34. 深位沙姜黑土
35. 浅位石灰性砂姜黑土
36. 浅盖石灰性砂姜黑土
37. 深位少量沙美石灰性砂姜黑土
38. 深位多量沙美石灰性砂姜黑土
39. 壤质潮褐土
40. 砂质潮褐土
41. 固定草甸风沙土

附图 2 周口市土壤分布

本图采用北京1954坐标系   制图单位: 郑州大学土地一土壤资源研究中心; 河南省土壤肥料站; 周口市土壤肥料站   制图软件: 周口市耕地资源管理系统   制图时间: 2012年12月

比例尺 1: 1 000 000

0 3 6 12 18 24 km

图上1cm相当于实地10km

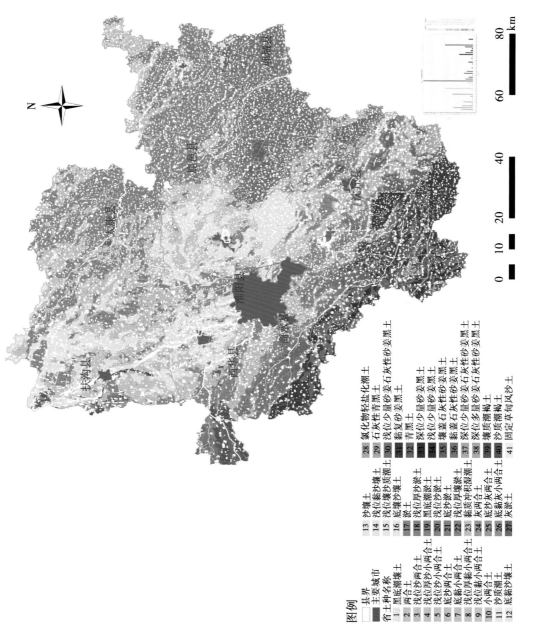

附图 3　周口市土种分布

图例

- 县界
- 主要城市
- 省土种名称

1 黑底潮壤土
2 两合土
3 浅位沙小两合土
4 浅位厚沙小两合土
5 底沙两合土
6 底沙小两合土
7 底黏小两合土
8 浅位厚黏小两合土
9 浅位黏小两合土
10 小两合土
11 沙质潮土
12 底黏沙壤土

13 沙壤土
14 浅位黏沙壤土
15 浅位壤沙壤土
16 底复沙壤土
17 淤土
18 浅位厚沙淤土
19 黑底潮淤土
20 底沙淤土
21 底沙淤土
22 浅位壤埋淤土
23 黏质冲积湿潮土
24 灰两合土
25 底沙灰两合土
26 底黏灰小两合土
27 灰淤土

28 氯化物轻盐化潮土
29 石灰性青黑土
30 浅位少量砂姜黑土
31 黏复砂姜黑土
32 青黑土
33 深位少量砂姜黑土
34 浅位少量砂姜黑土
35 壤盖石灰性砂姜黑土
36 黏盖石灰性砂姜黑土
37 深位少量砂姜石灰性砂姜黑土
38 深位多量砂姜石灰性砂姜黑土
39 壤质潮褐土
40 沙质潮褐土
41 固定草甸风沙土

· 3 ·

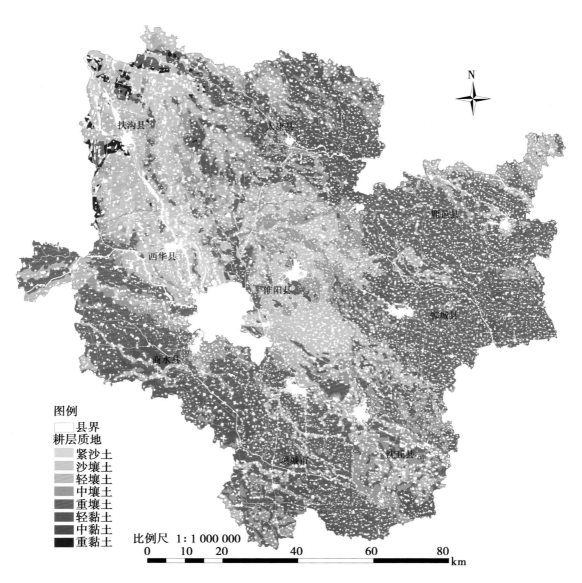

图例

县界

耕层质地

紧沙土
沙壤土
轻壤土
中壤土
重壤土
轻黏土
中黏土
重黏土

比例尺 1：1 000 000

0	10	20	40	60	80

km

附图4 周口市土壤耕层质地分布

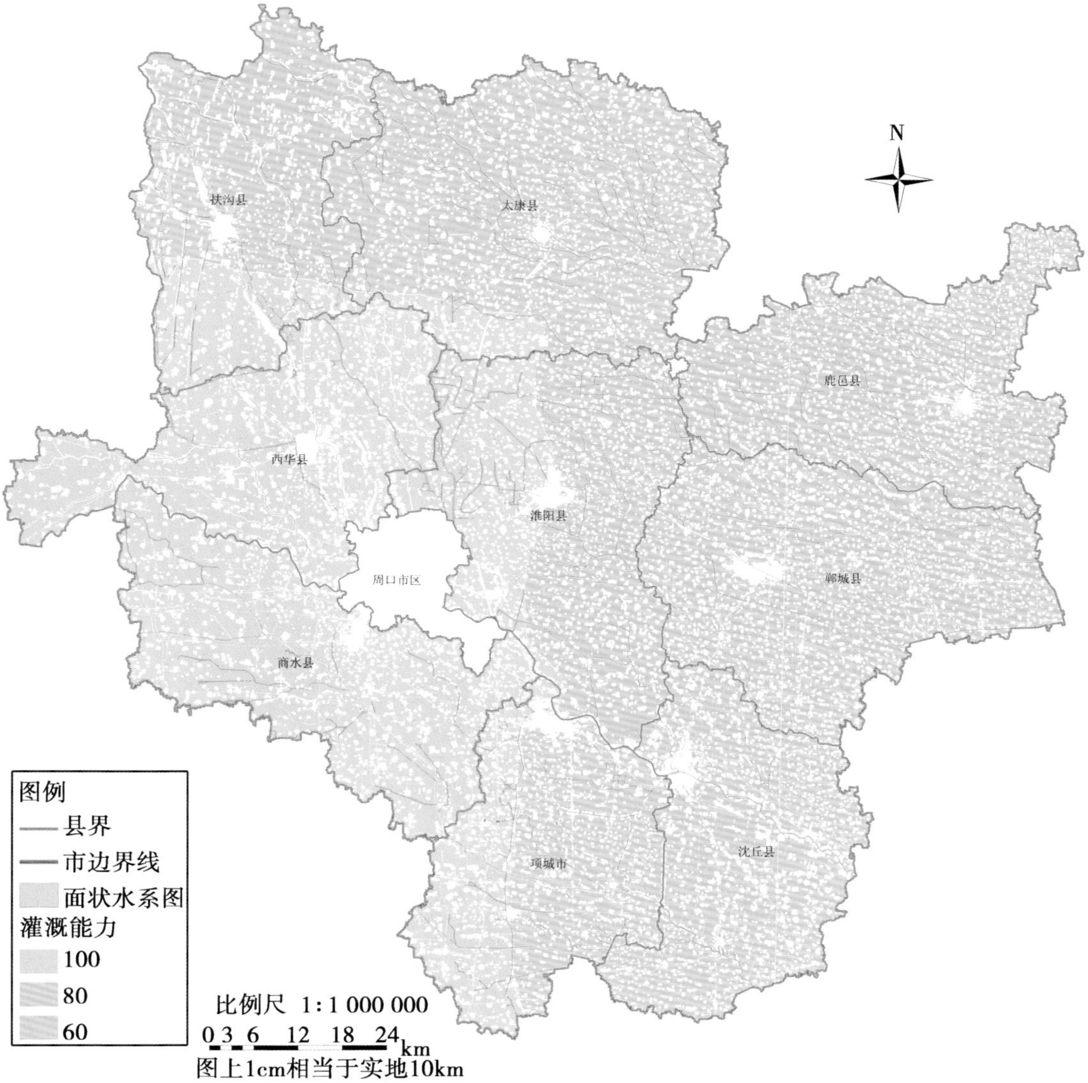
N
扶沟县
太康县
鹿邑县
西华县
淮阳县
周口市区
郸城县
商水县
项城市
沈丘县
图例
县界
市边界线
面状水系图
灌溉能力
100
80
60
比例尺 1∶1 000 000
0 3 6 12 18 24 km
图上1cm相当于实地10km

本图采用北京1954坐标系　制图单位：郑州大学土地—土壤资源研究中心；河南省土壤肥料站；周口市土壤肥料站　制图软件：周口市耕地资源管理系统　制图时间：2012年12月

附图5　周口市灌溉分区

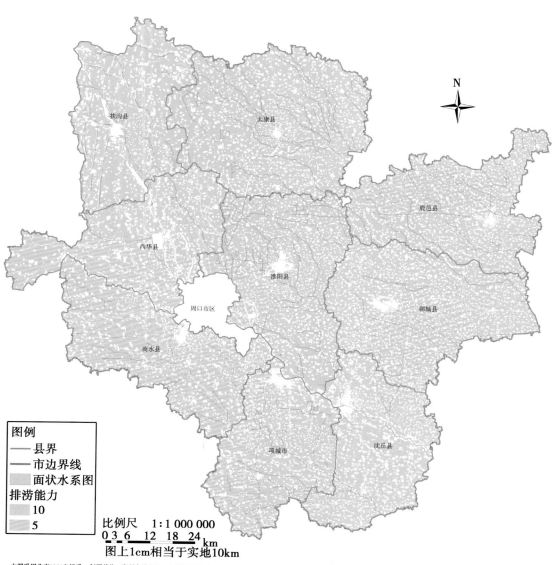

图例
—— 县界
—— 市边界线
面状水系图
排涝能力
10
5

比例尺　1：1 000 000
0 3 6　12　18　24
图上1cm相当于实地10km

本图采用北京1954坐标系　制图单位：郑州大学土地—土壤资源研究中心；　河南省土壤肥料站；　周口市土壤肥料站　制图软件：周口市耕地资源管理系统　制图时间：2012年12月

附图6　周口市排涝分区

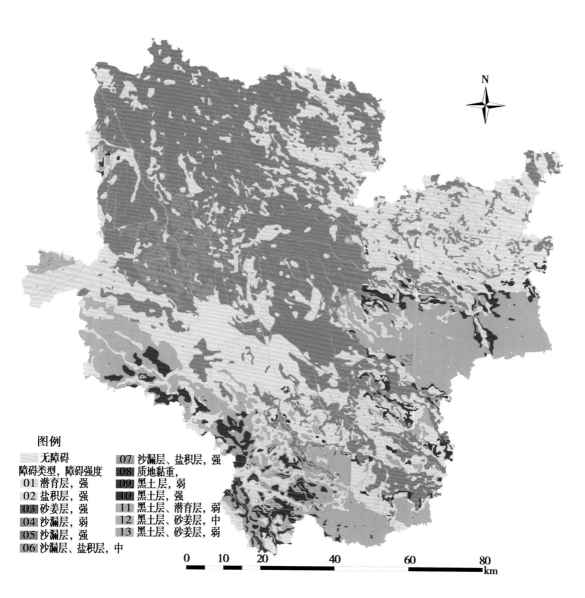

图例
　无障碍
障碍类型，障碍强度
　01 潜育层，强
　02 盐积层，强
　03 砂姜层，强
　04 沙漏层，弱
　05 沙漏层，强
　06 沙漏层、盐积层，中
07 沙漏层、盐积层，强
08 质地黏重，
09 黑土层，弱
10 黑土层，强
11 黑土层、潜育层，弱
12 黑土层、砂姜层，中
13 黑土层、砂姜层，弱

0　10　20　　40　　60　　80
km

附图 7　周口市土壤障碍类型

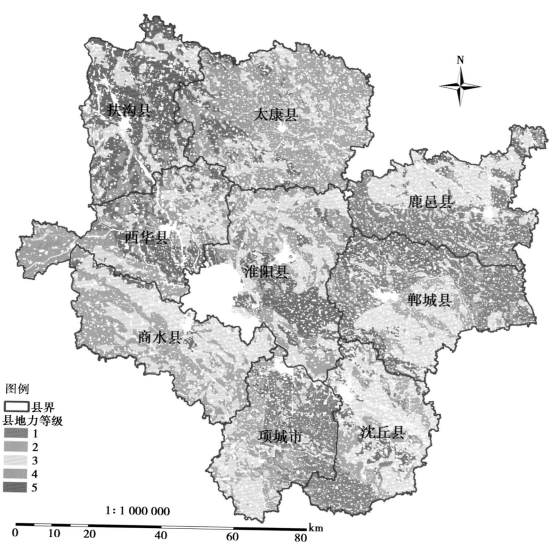

图例

县界

县地力等级
1
2
3
4
5

1:1 000 000

0   10   20   40   60   80 km

附图 8 周口市耕地地力等级划分

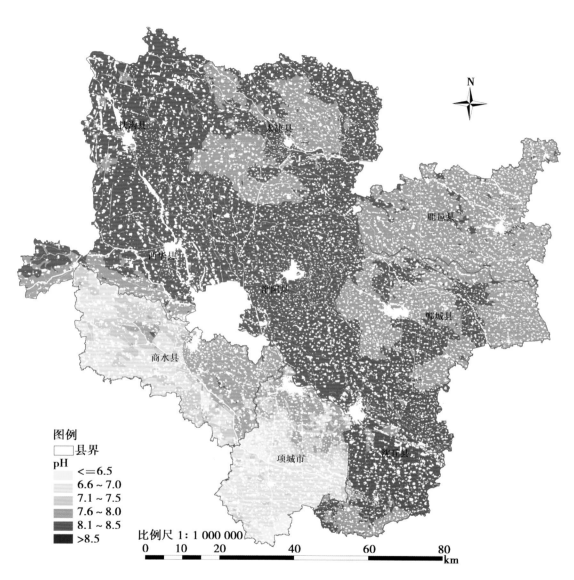

附图 9　周口市土壤 pH 值含量分布

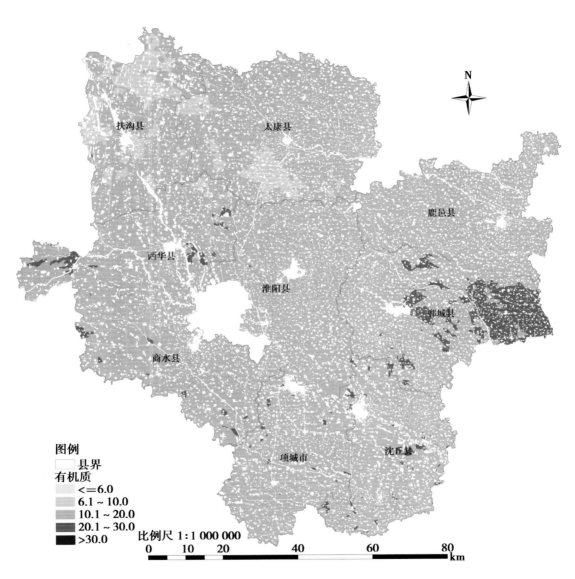

图例

县界

有机质

<=6.0

6.1 ~ 10.0

10.1 ~ 20.0

20.1 ~ 30.0

>30.0

比例尺 1：1 000 000

扶沟县

太康县

鹿邑县

西华县

淮阳县

郸城县

商水县

项城市

沈丘县

N

0 10 20   40   60   80
km

附图 10 周口市土壤有机质含量分布

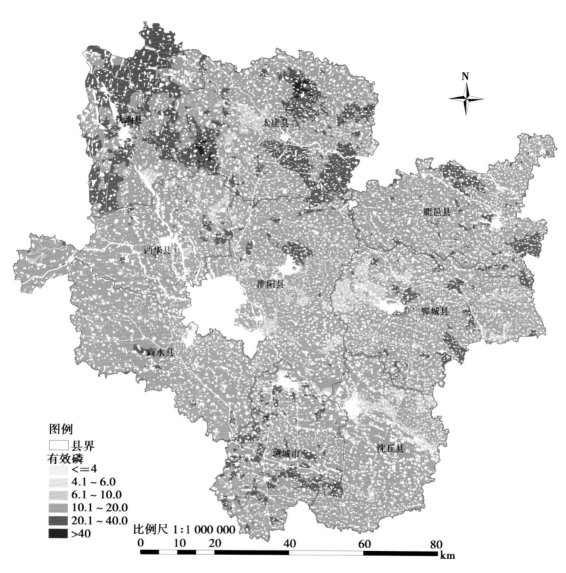

图例

□ 县界

有效磷

<=4

4.1~6.0

6.1~10.0

10.1~20.0

20.1~40.0

>40

比例尺 1:1 000 000

0　10　20　　　40　　　60　　　80

km

附图 11　周口市土壤有效磷含量分布

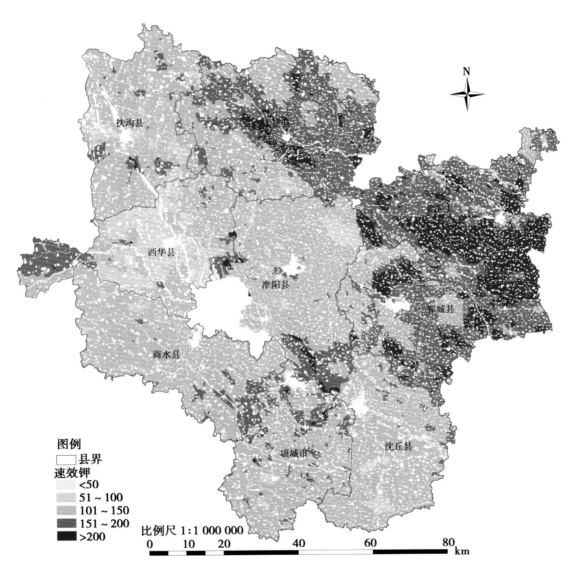

图例
县界
速效钾
<50
51～100
101～150
151～200
>200

比例尺 1:1 000 000

0　10　20　　40　　60　　80
km

附图 12　周口市土壤速效钾含量分布

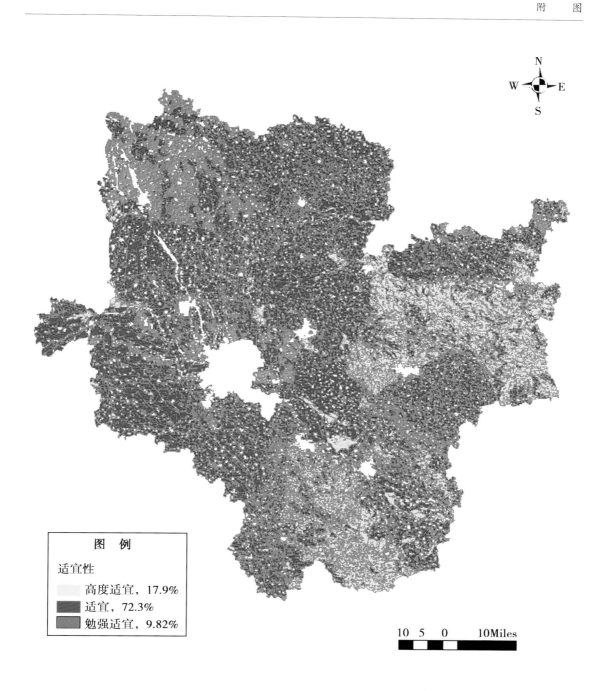

图　例

适宜性

□ 高度适宜，17.9%

■ 适宜，72.3%

■ 勉强适宜，9.82%

10　5　0　　　10Miles

附图 13　周口市小麦适宜性评价等级

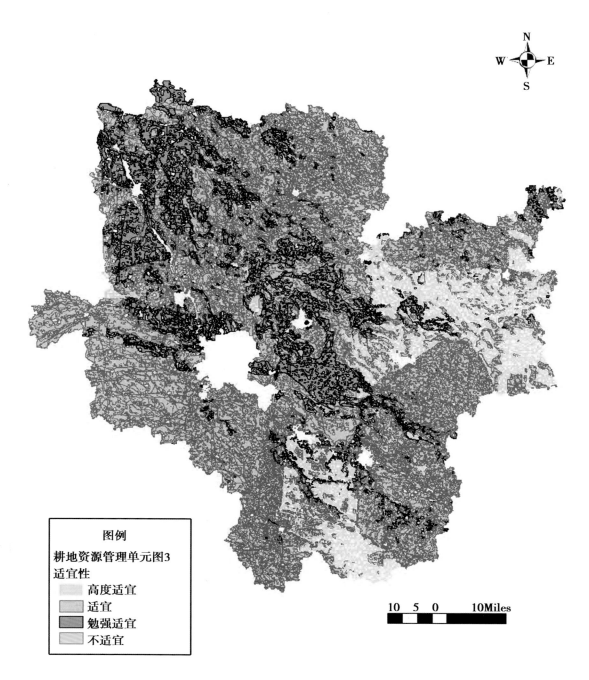

图例

耕地资源管理单元图3
适宜性

高度适宜
适宜
勉强适宜
不适宜

10 5 0   10Miles

附图14 周口市夏玉米适宜性评价等级